兽药红外光谱集

（2020年版）

中国兽药典委员会　编

中国农业科学技术出版社

图书在版编目（CIP）数据

兽药红外光谱集：2020 年版 / 中国兽药典委员会
编 . -- 北京：中国农业科学技术出版社，2022.9

ISBN 978-7-5116-5918-7

Ⅰ . ①兽… Ⅱ . ①中… Ⅲ . ①兽用药 – 红外分光
光度法 – 图谱 Ⅳ . ① S859.79-64

中国版本图书馆 CIP 数据核字（2022）第 171866 号

责 任 编 辑	马维玲
责 任 校 对	李向荣 贾若妍
责 任 印 制	姜义伟 王思文

出 版 者 中国农业科学技术出版社
北京市中关村南大街 12 号 邮编：100081

电 话 （010）82109194（编辑室）（010）82109702（发行部）
（010）82109702（读者服务部）

网 址 https：// castp.caas.cn

经 销 者 各地新华书店

印 刷 者 北京地大彩印有限公司

开 本 210 mm×290 mm 1/16

印 张 17

字 数 171 千字

版 次 2022 年 9 月第 1 版 2022 年 9 月第 1 次印刷

定 价 128.00 元

◀◀◀ 版权所有 · 侵权必究 ▶▶▶

《兽药红外光谱集（2020 年版）》
编 委 会

主　　审：万仁玲　　汪　霞

主　　编：于晓辉　　顾进华　　张秀英

副 主 编：赵　晖　王　雷　马秋冉　戴　青

编写人员（按姓氏笔画排序）：

王　轩　杨　星　杨秀玉　季　璇　赵富华

龚旭昊　彭文绣　董玲玲　韩宁宁　温　芳

前　言

　　红外光谱是分子选择性吸收某些波长的红外线，从而引起分子中振动能级和转动能级的跃迁，通过检测红外线被吸收的情况可得到物质的红外吸收光谱。红外光谱作为"分子的指纹"被广泛用于兽药的分子结构和化学组成的研究。在兽药检验中，红外光谱法常与其他理化方法联合使用，互相印证、互相补充，可以实现对兽药的定性鉴别。随着兽药行业的不断发展壮大，有机兽药品种不断增加，特别是许多兽药化学结构比较复杂或相互之间化学结构差异较小，当用颜色反应、沉淀、结晶形成或紫外－可见分光光度法等常用方法不足以相互区分时，红外光谱法则是更行之有效的鉴别手段。

　　《中国兽药典》（一部）自 1990 年版开始将红外光谱法用于一些兽药的鉴别，在该版兽药典的附录中收载了用红外光谱鉴别的49 种兽药的 49 幅对照图谱。2001 年中国兽药典委员会首次正式编制了《兽药红外光谱集》（2000 年），收载红外光谱图 111 幅，均为光栅型红外分光光度计绘制。2008 年中国兽药典委员会第二次组织编制了《兽药红外光谱集》（第二版），收载红外光谱图 189 幅，其中光栅型红外分光光度计绘制 125 幅，傅立叶红外光谱仪绘制 64 幅。

　　鉴于兽药品种的不断增加和红外光谱鉴别法应用范围的扩大，中国兽药典委员会组织编制并正式出版了《兽药红外光谱集》（2020 年版）。本版收载红外光谱图 238 幅，其中光栅型红外分光光度计绘制 128 幅，傅立叶红外光谱仪绘制 110 幅。每个品种均有结构式、分子式、仪器类型、试样制备、中文名称笔画索引、中文名称拼音索引、英文名称索引、分子式索引的内容。凡在《中国兽药典》和兽药国家标准中收载红外鉴别或检查的品种，除特殊情况外，本版光谱集均有收载，以供对照；其他光谱图可供兽药检验和研究中对照使用。

　　书中难免有错漏之处，欢迎广大读者予以指正，以便今后修订完善。

中国兽药典委员会

2021 年 11 月

Preface

Infrared spectrum is that molecules selectively absorb infrared rays of certain wavelengths, resulting in the transition of vibrational energy level and rotational energy level in molecules. The infrared absorption spectrum of substances can be obtained by detecting the absorption of infrared rays. As a "molecular fingerprint", infrared spectrophotometry is widely used to study the molecular structure and chemical composition of veterinary drug substances. In veterinary drug substances testing, infrared spectrophotometry is often combined with other physical and chemical methods to confirm and supplement each other, which can realize the qualitative identification of veterinary drug substances. With the continuous development and expansion of the veterinary drug industry, the varieties of organic veterinary drug substances are increasing, especially their chemical structures are complicated or rare different in case of their analogs. The tests based on infrared spectrophotometry are always found to be an effective one when the usual methods for identification, such as color reaction, precipitation, crystal tests or UV-VIS spectrophotometry, etc. are inadequate to differentiate the veterinary drug substances with closely related structures.

Identification tests of some veterinary drug substances based on infrared spectrophotometry were introduced for the first time into *Chinese Veterinary Pharmacopoeia* Volume I, 1990 edition, and 49 infrared reference spectrums were compiled in the appendix for 49 veterinary drug substances with identification tests ground on infrared spectrophotometry. In 2001, Committee of Chinese Veterinary Pharmacopoeia (CCVP) compiled and published the first edition of veterinary drugs infrared spectrograms (2000), containing 111 infrared spectrograms. In 2008, CCVP organized the preparation and publication of the second edition of veterinary drugs infrared spectrograms, containing 189 infrared spectrograms, 125 by Grating Infrared Spectrophotometers and 64 by Fourier Infrared Spectrophotometers.

Seeing that the number of specifications with tests based on infrared spectrophotometry was increasing steadily, CCVP decided to publish

Atlas of Infrared Spectra of Veterinary Drugs (2020). This Atlas includes 238 infrared spectra of the veterinary drug substances, of which 128 were recorded by Grating Infrared Spectrophotometers and 110 were recorded by Fourier Infrared Spectrophotometers. Molecular formula, chemical structural formula, type of instrument used for each spectrum, index arranged in Chinese strokes and Chinese Pinyin, English titles index, and index based on molecular formulas, are introduced in this Atlas. With the exception of particular situations, the corresponding spectra in this Atlas are used as reference spectra of veterinary drug substances for identification or purity test required in monographs concerned in the *Chinese Veterinary Pharmacopoeia* as well as in other National Veterinary Pharmaceutical Specifications, which will not include infrared spectrum any more. The other spectra in this Atlas may be used as reference spectra in veterinary pharmaceutical analysis.

There are errors and omissions in this Atlas inevitably, please point them out and we will revise them in the future.

Commission of Chinese Veterinary Pharmacopoeia

November, 2021

目　　录

说　　明

一、《兽药红外光谱集》（2020 年版）分为三个部分，即说明、红外图谱和索引。红外图谱是《中国兽药典》和兽药国家标准中所收载的兽药用红外光谱仪绘制而成。每幅光谱图同时还记载该品种的中文名称、英文名称、结构式、分子式、仪器类型和试样的制备方法等。索引有中文、英文名称索引和分子式索引。

二、红外光谱仪

本版光谱集所收载的图谱是由不同型号的光栅型红外分光光度计和傅立叶红外光谱仪绘制，再经计算机统一处理而成。

三、图谱的绘制

本版光谱集所收载的兽药，均符合其兽药质量标准的规定。

试样的制备

1. 压片法

取供试品约 1 mg，置玛瑙研钵中，加入干燥的溴化钾或氯化钾细粉约 200 mg（与供试品的比例约为 200∶1），充分研磨混匀，移置于直径为 13 mm（或大小适宜）的压片模具中，使其铺布均匀，压模与真空泵相连，抽真空约 2 分钟，加压至 0.8×10^6 kPa（8 ～ 10 T/cm^2），保持压力约 2 分钟，撤去压力并放气后，取出制成的供试片，目视检查应均匀透明、无明显颗粒。也可采用其他直径的压模制片，样品与分散剂的用量需相应调整以保证制得的供试片浓度合适。将供试片置于仪器的样品光路中，并扣除用同法制成的空白溴化钾或氯化钾片的背景，绘制光谱图。

对溴化钾或氯化钾的质量要求：用溴化钾或氯化钾制成空白片，绘制光谱图，基线应大于 75% 透光率；除在 3440 cm^{-1} 及 1630 cm^{-1} 附近因残留或附着水而呈现一定的吸收峰外，其他区域不应出现大于基线 3% 透光率的吸收谱带。

2. 糊法

取供试品约 5 mg，置玛瑙研钵中，滴加少量液状石蜡或其他适宜的液体，制成均匀的糊状物，取适量糊状物夹于两个溴化钾片（每片重约 150 mg）之间，作为供试片；以溴化钾约 300 mg 制成空白片作为背景补偿，绘制光谱图。也可用其他适宜的盐片夹持糊状物。

3. 膜法

参照上述糊法所述的方法，将液体供试品铺展于溴化钾片或其他适宜的盐片中绘制；或将供试品置于适宜的液体池内绘制光谱图。若供试品为高分子聚合物，可先制成适宜厚度的薄膜，然后置样品光路中测定。

4. 溶液法

将供试品溶于适宜的溶剂内，制成 1% ～ 10% 浓度的溶液，置于 0.1 ～ 0.5 mm 厚度的液体池中录制光谱图，并以相同厚度装有同一溶剂的液体池作为背景补偿。

5. 衰减全反射法

将供试品均匀地铺展在衰减全反射棱镜的底面上，使紧密接触，依法绘制反射光谱图。

绘图

本版光谱集中光谱图的横坐标为波数（cm^{-1}），纵坐标为透光率（T%），是用分辨率为 2 cm^{-1} 条件绘制，基线一般控制在 90% 透光率以上，供试品取用量一般控制在使其最强吸收峰在 10% 透光率以下。

四、图谱的使用

1.《中国兽药典》和兽药国家标准已收载用红外光谱法作为鉴别的原料药品种，应采用本版光谱集中收载的相应光谱图作对照。对于制剂的红外鉴别，由于可能存在辅料干扰，本版光谱集收载的光谱图仅作参考。

2. 本版光谱集光谱图的波数范围为 4000 ～ 400 cm^{-1}，但有的红外光谱仪的光谱绘制范围不同，用此类仪器绘制的光谱图，除另有规定外，也可使用本版光谱集所收载的光谱图中相应的波数区间对照。所用仪器的性能应符合《中国兽药典》附录红外分光光度法项下的要求。

3. 固体兽药在测定时，可能由于晶型的影响，致使绘制的光谱图与本光谱集所收载的光谱图不一致，遇此情况时，应按本版光谱集中各相应光谱图中备注的方法或该品种正文中规定的方法进行预处理后，再行绘制。

4. 采用压片法时，影响光谱图形状的因素较多，因此，使用本版光谱集对照时，应注意供试片的制备条件对光谱图形状及各谱带的相对吸收强度可能产生的影响。

压片时，若样品（盐酸盐）与溴化钾之间不发生离子交换反应，则采用溴化钾作为制片基质。否则，盐酸盐样品制片时必须使用氯化钾基质。

5. 鉴于常用的傅立叶红外光谱仪是单光束型仪器，故应注意二氧化碳和水汽等的大气干扰，必要时，应采取适当措施（如采用干燥氮气吹扫）予以改善。

6. 为了方便对照，本版光谱集收载了聚苯乙烯薄膜的光谱图。在对照所测兽药的光谱图与本版光谱集所收载的兽药的光谱图时，宜首先在测定仪器上绘制聚苯乙烯薄膜的光谱图，与本版光谱集所收载的聚苯乙烯薄膜的光谱图加以比较，由于仪器间分辨率存在差异及不同操作条件（例如狭缝程序、扫描速度等）的影响，聚苯乙烯薄膜光谱图的比较，将有助于兽药光谱图对照时的判断。

Notices

I . *The Atlas of Infrared Spectra of Veterinary Drugs* (2020) consists of three parts, which are notices, spectra and indexes. The spectra were recorded by using an infrared spectrophotometer from the veterinary drug substances described in the *Chinese Veterinary Pharmacopoeia* and National Veterinary Pharmaceutical Specifications promulgated by the Ministry of Agriculture. There are Chinese and English genetic names, structural and molecular formulas, type of instrument and preparation method for sample of the veterinary drug substance concerned under each spectra.

Indexes are arranged in Chinese titles, English titles as well as molecular formulas of the veterinary drug substances, respectively.

II . Infrared spectrophotometer

This Atlas were recorded by using various models of Grating Infrared Spectrophotometers (GIRs) or Fourier Infrared Spectrophotometers (FIRs); all these digital raw IR data from various GIRs and FIRs were processed with computers to achieve the format unification of spectra.

III . Recording of spectra

In this Atlas, all veterinary drug substances used for recording the spectra comply with their requirements described in their specifications.

Procedures for preparation of samples

1. Disc Method

Triturate about 1 mg of the substance being examined with approximate 200 mg of dried, finely powdered potassium bromide or potassium chloride in an agate mortar. Grind the mixture thoroughly and spread it uniformly in a die of 13 mm in diameter. Connect the die to a vaccum. Compress the mixture under vacuum with a pressure applied to the die of 0.8×10^6 kPa for 2 minutes, after the die assembly has been evacuated for about 2 minutes. Remove the vacuum and take off the disc. The resultant disc should be uniform transparent and free from any obvious particles by visual inspection. When and if the die of other diameters is used, the dosages of sample and dispersive reagent should be adjusted accordingly to prepare the disc with suitable concentration. Mount the disc in a suitable holder and place it into the sample beam of the spectrophotometer. Place a similarly prepared blank dice of potassium bromide or potassium chloride into the sample beam for background compensation. Record the spectrum with background deducted.

Quality Requirements for potassium bromide or potassium chloride: record the spectrum of a blank disc of potassium bromide or potassium chloride prepared as described above. The spectrum has a substantially flat baseline exhibiting no maxima with an absorbance greater than 3% of transmittance above the baseline, with the exception of maxima due to residual or absorbed water at the wave number of about 3440 cm^{-1} and 1630 cm^{-1}. The baseline should be more than 75% of transmittance.

2. Mull method

Triturate about 5 mg of the substance being examined with a little amount of liquid paraffin or other suitable liquid to give a homogeneous creamy paste in an agate mortar. Compress and hold a portion of the mull between two flat potassium bromide plates (about 150 mg each). Record the spectrum by using a blank disc of potassium bromide with about 300 mg in weight for background compensation. Other suitable salt plates may be used instead of potassium bromide plates.

3. Film method

Use a capillary film of the liquid substance being examined held between two potassium bromide plates or other suitable salt plates with the method as described in the mull method. A filled cell of suitable thickness may be also used. For macromolecule polymer, prepare a film with suitable thickness. Mount the film in a suitable holder and place it into the sample beam. Record the spectrum.

4. Solution method

Prepare a solution of the substance being examined in a suitable solvent with the concentration of 1% to 10%. Place the solution in a filled cell with a thickness of 0.1 to 0.5 mm. Record the spectrum when a matched cell filled with the same solvent as background.

5. Attenuated Total Reflectance (ATR) method

Place the substance being examined in a manner of homogeneous and close contact with an ATR prism, and record its reflectance spectrum.

Spectrum recording

The linear abscissa of the spectrum shows wave number (cm^{-1}) and the ordinate of the spectrum indicates transmittance (T%).

The spectra were recorded at the resolution of 2 cm^{-1}; the baseline in spectrum was controlled to be more than 90% transmittance. The transmittance of the strongest absorbance peak was controlled to be less than 10% by appropriately adjusting the quantity of substance being examined.

IV. Uses of the spectra

1. The corresponding spectra in this Atlas are used as reference spectra for veterinary drug substances when the identification by the use of infrared spectrophotometry is required in monographs of the *Chinese Veterinary Pharmacopoeia* and National Veterinary Pharmaceutical Specifications promulgated by the Ministry of Agriculture. In the cases of infrared spectrometric identification for drug preparation, owing to the spectral disturbances produced by excipients, the corresponding spectra in this Atlas are used as reference only unless otherwise stated.

2. In this Atlas, the spectrum was scanned in the range from 4000 cm^{-1} to 400 cm^{-1}. However, the spectrum recorded on different models of infrared spectrophotometer, which may have different scanning range, can be compared with the relevant spectrum included in this book within the corresponding spectrum region unless otherwise specified. Of course, the performance of the instrument used should meet the requirements of Infrared Spectrophotometry as described in the appendix of the *Chinese Veterinary Pharmacopoeia*.

3. Due to polymorphism, the difference between the spectrum recorded from the solid substance being examined and the relevant spectrum included in this Atlas may occur. In this case, the preparation method of the substance being examined as described in the note of the spectrum or that described in the monograph should be followed.

4. Various factors may affect the character of spectrum recorded by disc method. Therefore, the possible influence of preparation conditions

of disc to the positions and the relative intensities of the absorbance bands should be considered when the spectrum in this Atlas is used for comparison.

If no ion–exchange reaction happens between the substance (chloride salts) being examined and the matrix when preparing disc, potassium bromide should be used as matrix for all solid specimens. Otherwise, potassium chloride must be used as matrix for chloride salts.

5. Care should be taken to the interference of atmosphere including carbon dioxide and water, because FIRs is usually a single beam type instrument. Some suitable measures, such as blow with dried nitrogen, should be adopted if necessary.

6. Spectra of a polystyrene film are included in this Atlas for the convenience of comparison. It is suggested that a spectrum of a polystyrene film is recorded on the instrument being used for examination of the substance being examined. Both spectra should be compared at first to observe any possible differences due to the potential variations of resolution and operating conditions (i.e. slit program, scanning speed, etc.) of the instruments being used. With reference to these factors, it would be useful for assessing the concordance of the spectrum of the substance being examined with that of the reference spectrum in this Atlas.

聚苯乙烯薄膜标准红外光谱图（光栅）

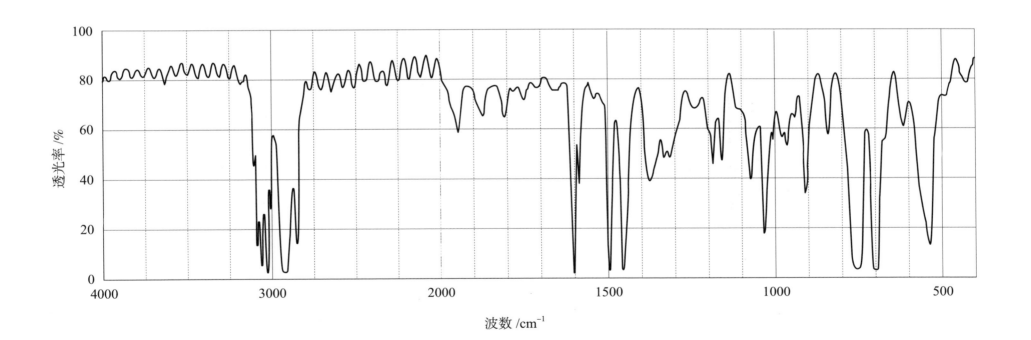

波数 /cm⁻¹

聚苯乙烯薄膜标准红外光谱图（傅立叶）

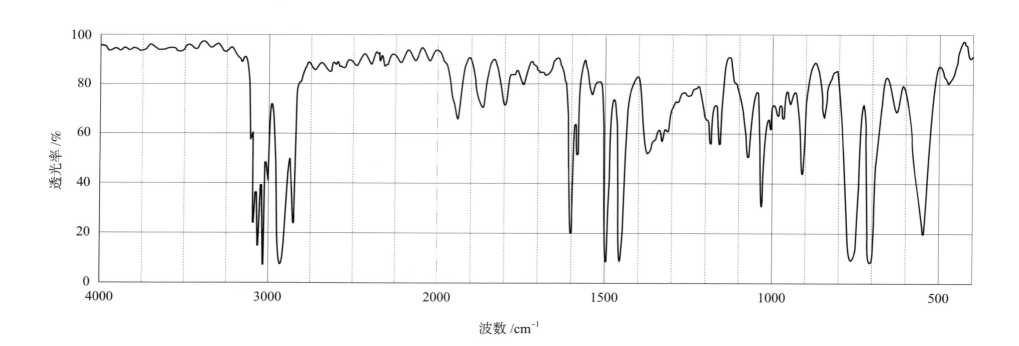

中文名称：乙氧酰胺苯甲酯

英文名称：Ethopabate

分 子 式：C$_{12}$H$_{15}$NO$_4$

仪器类型：光栅

试样制备：KBr 压片法

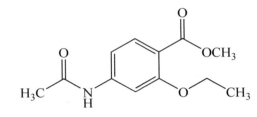

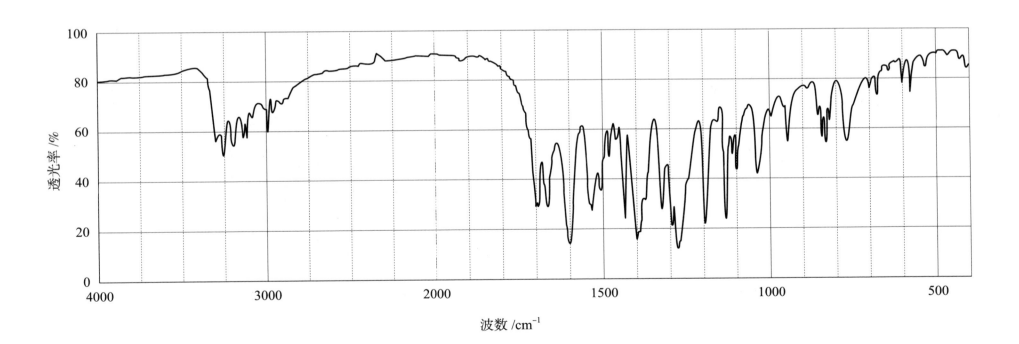

波数 /cm^{-1}

中文名称：乙氧酰胺苯甲酯

英文名称：Ethopabate

分 子 式：C$_{12}$H$_{15}$NO$_4$

仪器类型：傅立叶

试样制备：KBr 压片法

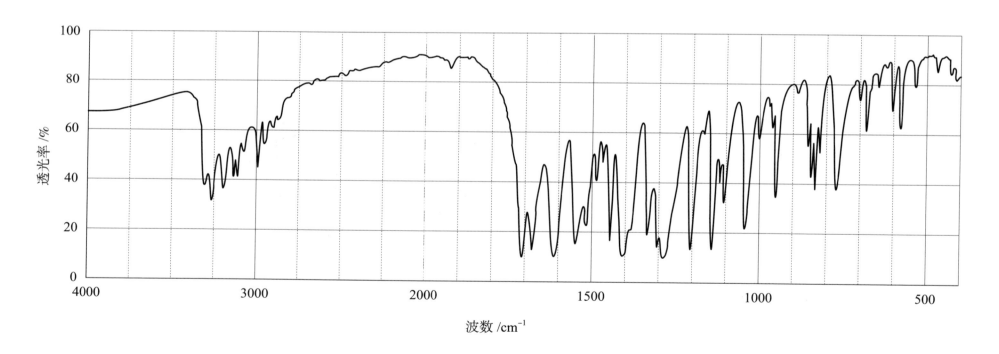

波数 /cm^{-1}

中文名称：乙酰甲喹

英文名称：Mequindox

分　子　式：$C_{11}H_{10}N_2O_3$

仪器类型：傅立叶

试样制备：KBr 压片法

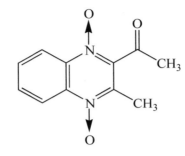

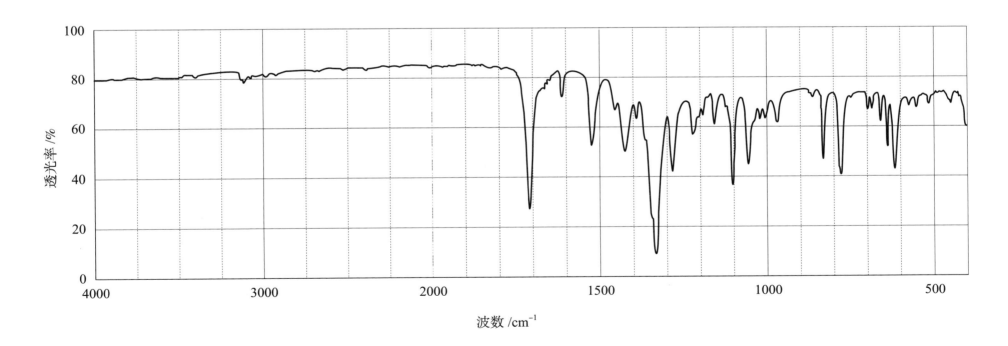

中文名称：乙酰氨基阿维菌素

英文名称：Eprinomectin

分子式：B$_{1a}$：C$_{50}$H$_{75}$NO$_{14}$ B$_{1b}$：C$_{49}$H$_{73}$NO$_{14}$

仪器类型：傅立叶

试样制备：KBr 压片法

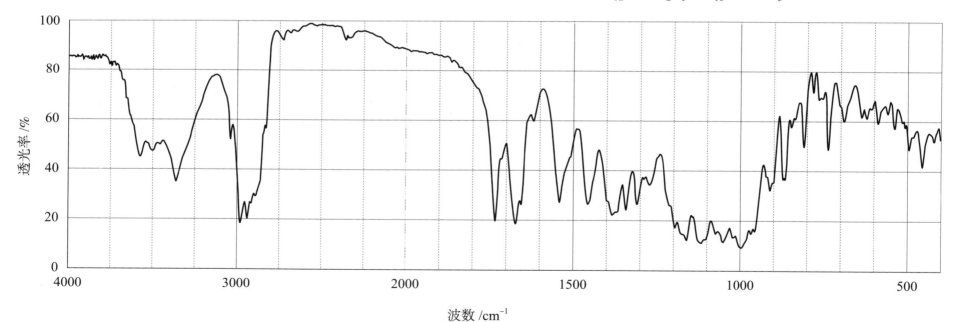

中文名称：乙醇

英文名称：Alcohol

分 子 式：C$_2$H$_6$O

仪器类型：傅立叶

试样制备：液膜法

备　　注：使用自制的 KBr 片制液膜。

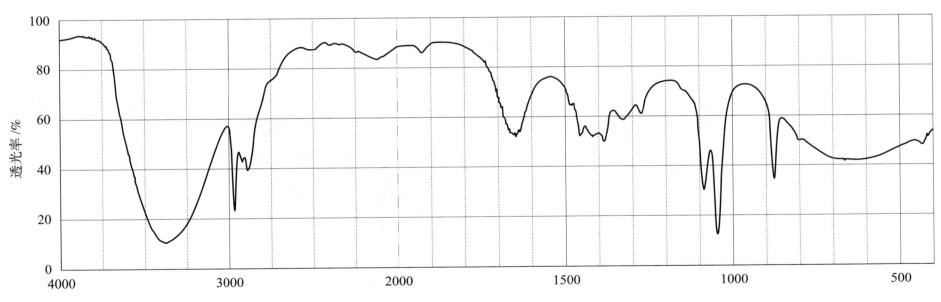

中文名称：二甲氧苄啶

英文名称：Diaveridine

分 子 式：C₁₃H₁₆N₄O₂

仪器类型：光栅

试样制备：KBr 压片法

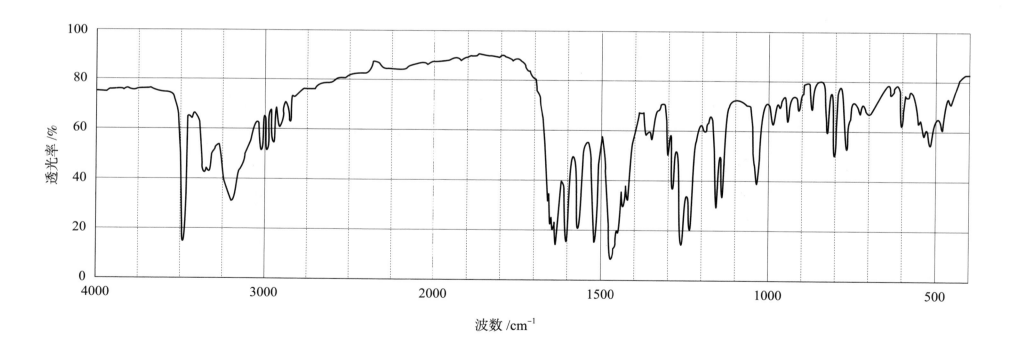

透光率 /%

波数 /cm⁻¹

中文名称：二甲氧苄啶

英文名称：Diaveridine

分　子　式：$C_{13}H_{16}N_4O_2$

仪器类型：傅立叶

试样制备：KBr 压片法

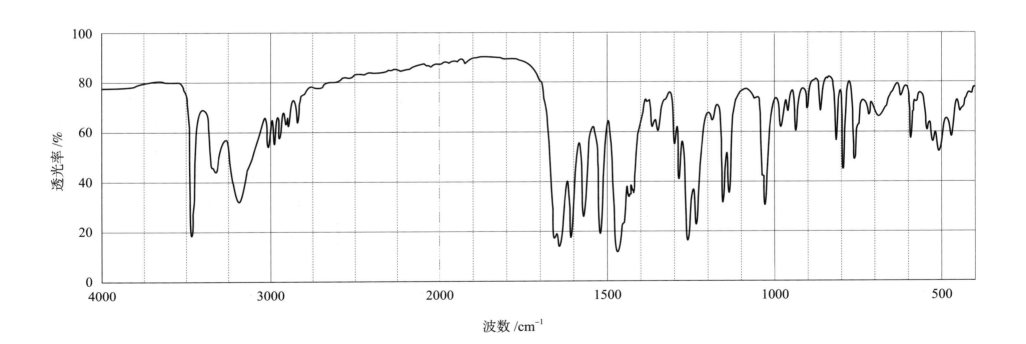

透光率 /%

波数 /cm^{-1}

中文名称：二甲硅油

英文名称：Dimethicone

仪器类型：光栅

试样制备：膜法

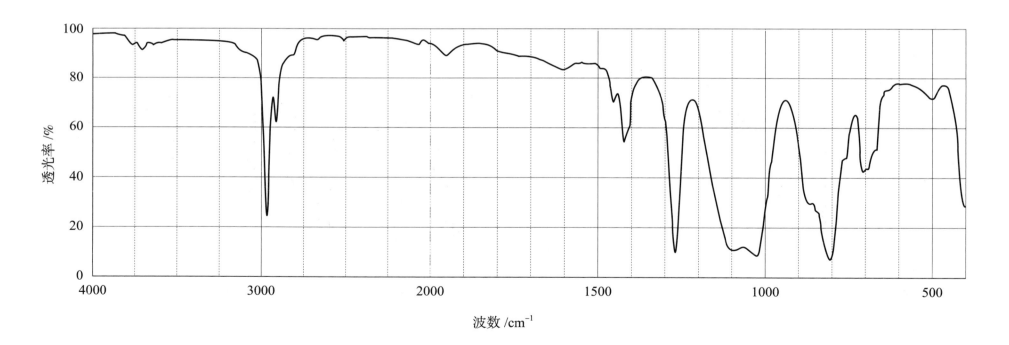

中文名称：二氢吡啶

英文名称：Dihydropyridine

分 子 式：$C_{13}H_{19}NO_4$

仪器类型：傅立叶

试样制备：KBr 压片法

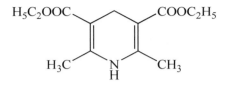

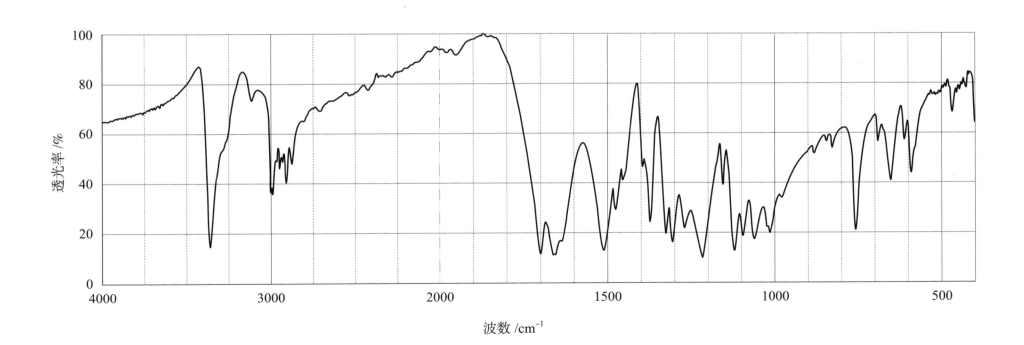

中文名称：二硝托胺

英文名称：Dinitolmide

分 子 式：$C_8H_7N_3O_5$

仪器类型：傅立叶

试样制备：KBr 压片法

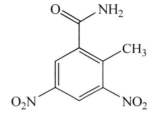

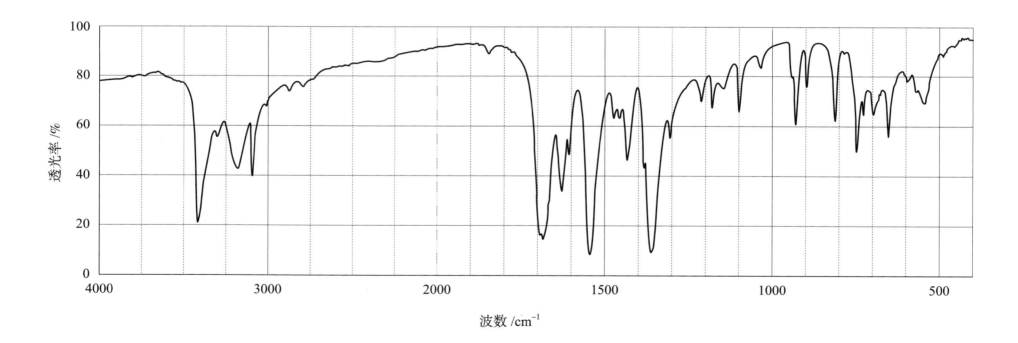

中文名称：三氯苯达唑

英文名称：Triclabendazole

分子式：$C_{14}H_9Cl_3N_2OS$

仪器类型：傅立叶

试样制备：KBr 压片法

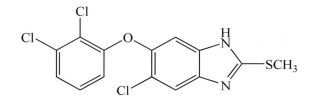

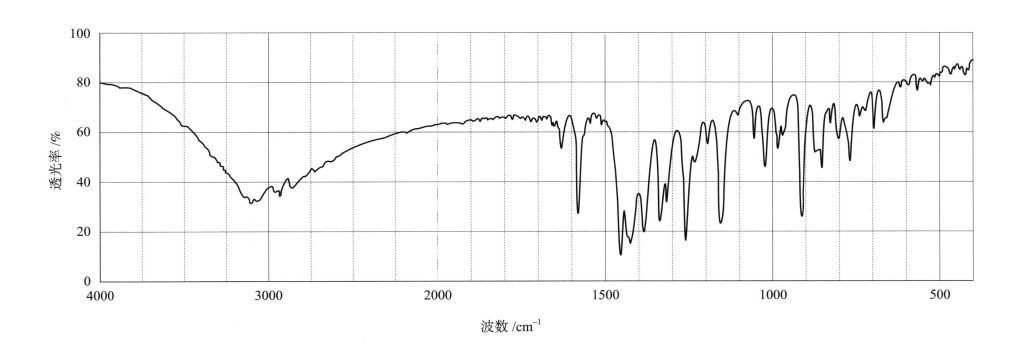

中文名称：山梨酸

英文名称：Sorbic Acid

分 子 式：C$_6$H$_8$O$_2$

仪器类型：光栅

试样制备：KBr 压片法

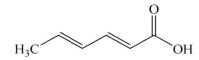

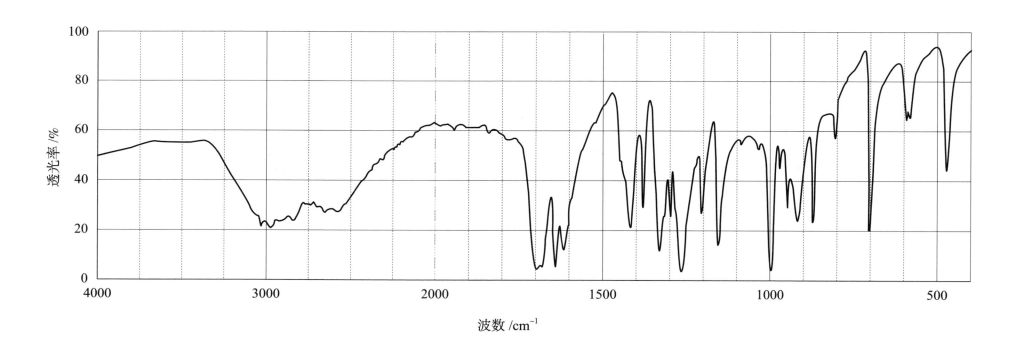

波数 /cm^{-1}

中文名称：山梨醇

英文名称：Sorbitol

分　子　式：C$_6$H$_{14}$O$_6$

仪器类型：光栅

试样制备：KBr 压片法

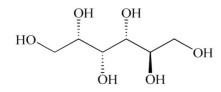

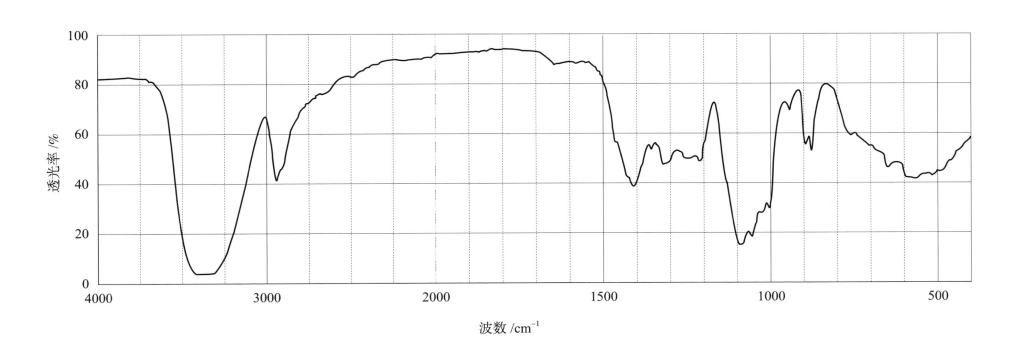

中文名称：山梨醇

英文名称：Sorbitol

分 子 式：$C_6H_{14}O_6$

仪器类型：傅立叶

试样制备：KBr 压片法

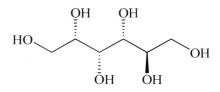

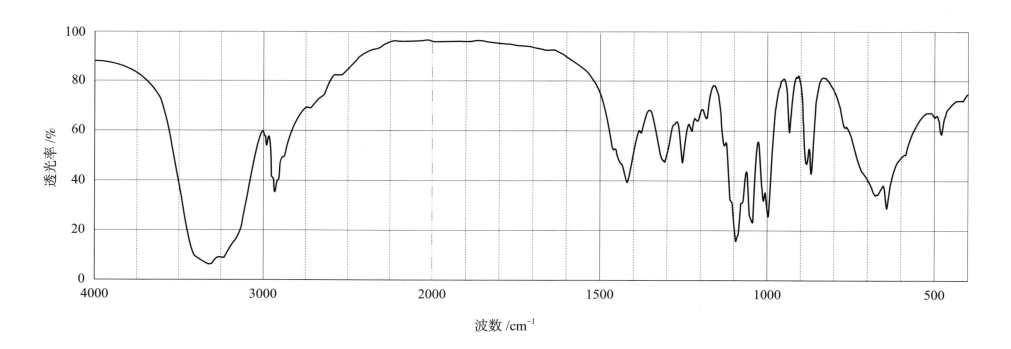

中文名称：马度米星铵

英文名称：Maduramicin Ammonium

分子式：$C_{47}H_{83}NO_{17}$

仪器类型：傅立叶

试样制备：KBr 压片法

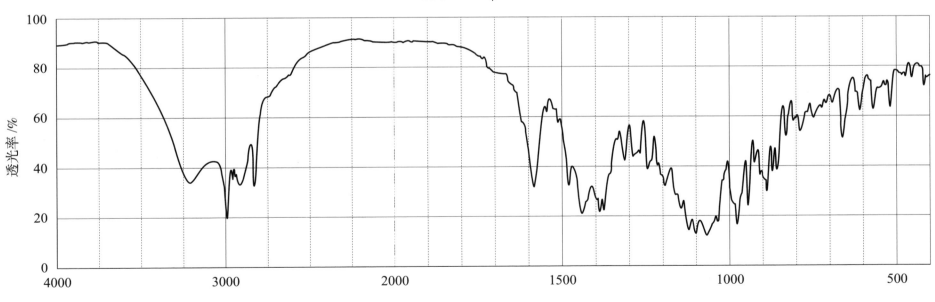

波数 /cm⁻¹

中文名称：马来酸麦角新碱

英文名称：Ergometrine Maleate

分 子 式：$C_{19}H_{23}N_3O_2 \cdot C_4H_4O_4$

仪器类型：光栅

试样制备：KBr 压片法

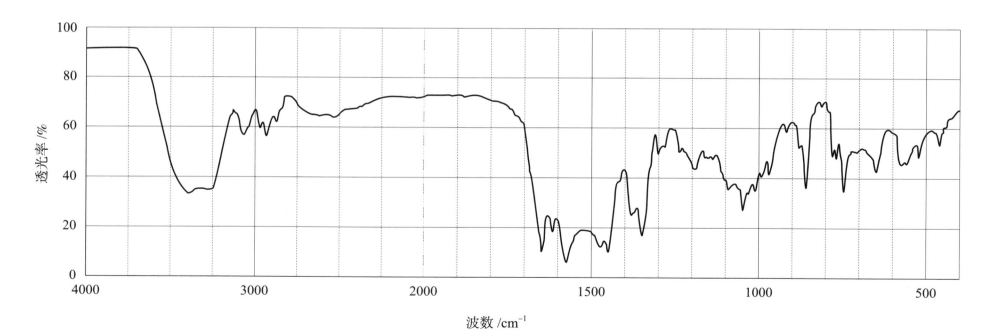

中文名称：马来酸氯苯那敏

英文名称：Chlorphenamine Maleate

分 子 式：$C_{16}H_{19}ClN_2 \cdot C_4H_4O_4$

仪器类型：光栅

试样制备：KBr 压片法

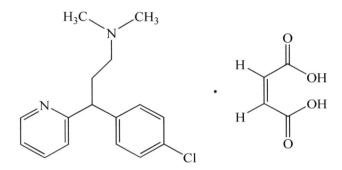

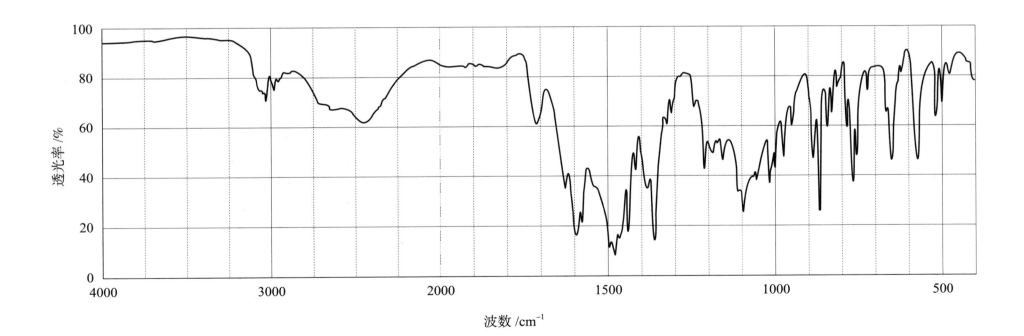

中文名称：马波沙星

英文名称：Marbofloxacin

分 子 式：C$_{17}$H$_{19}$FN$_4$O$_4$

仪器类型：傅立叶

试样制备：KBr 压片法

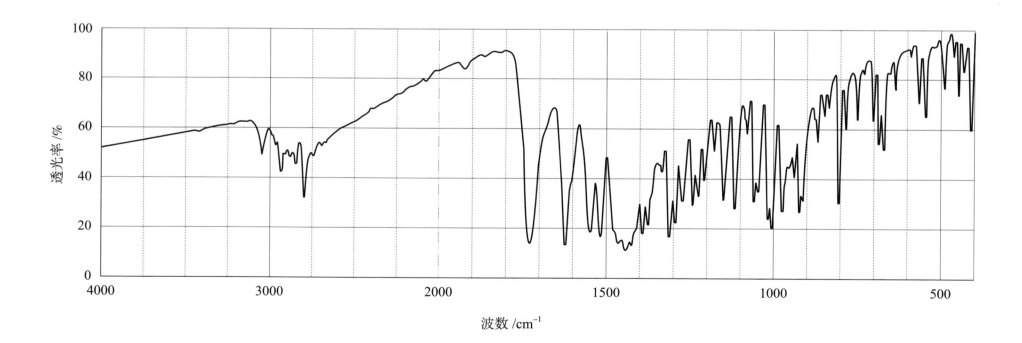

中文名称：无水葡萄糖

英文名称：Anhydrous Glucose

分 子 式：$C_6H_{12}O_6$

仪器类型：光栅

试样制备：KBr 压片法

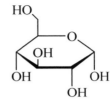

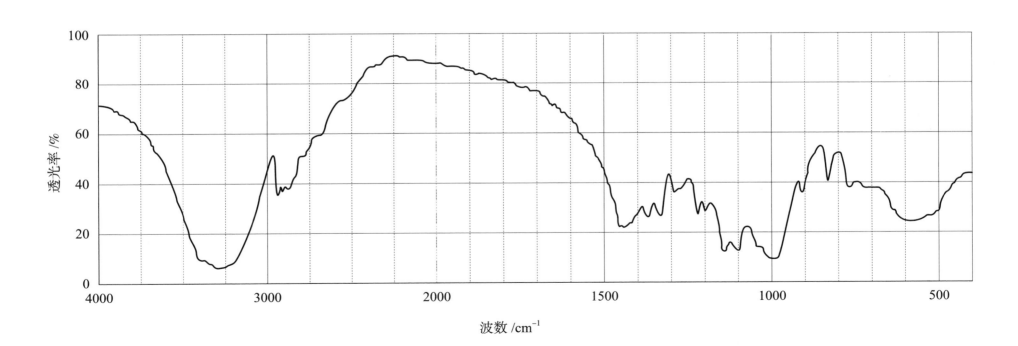

波数 /cm⁻¹

中文名称：无水葡萄糖

英文名称：Anhydrous Glucose

分 子 式：C₆H₁₂O₆

仪器类型：傅立叶

试样制备：KBr 压片法

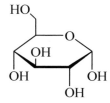

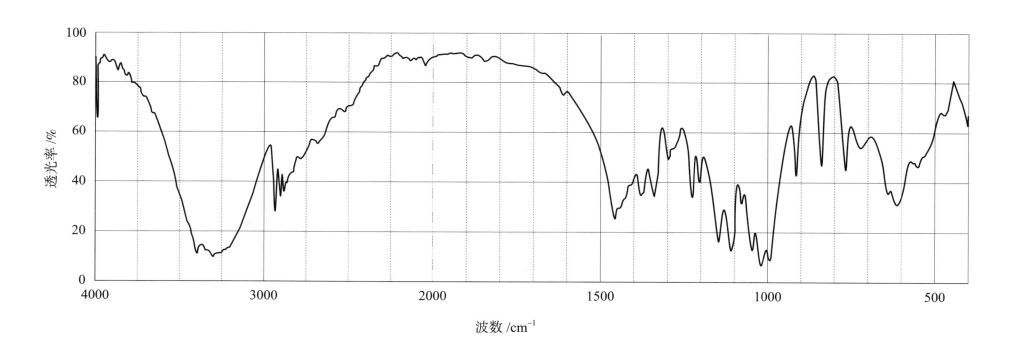

中文名称：乌洛托品

英文名称：Methenamine

分 子 式：$C_6H_{12}N_4$

仪器类型：光栅

试样制备：KBr 压片法

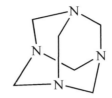

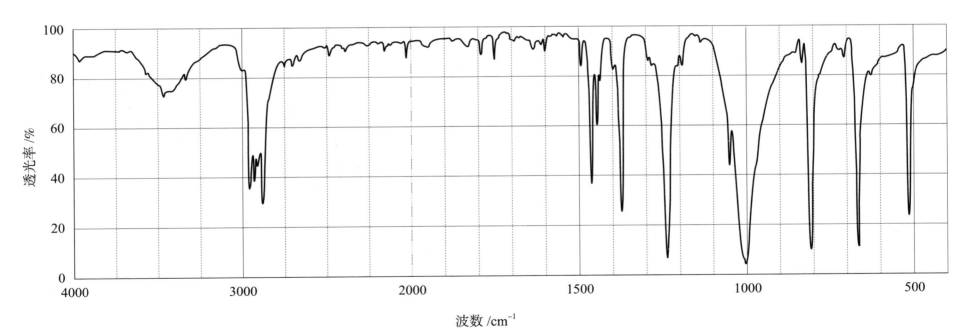

中文名称：双甲脒

英文名称：Amitraz

分 子 式：$C_{19}H_{23}N_3$

仪器类型：光栅

试样制备：KBr 压片法

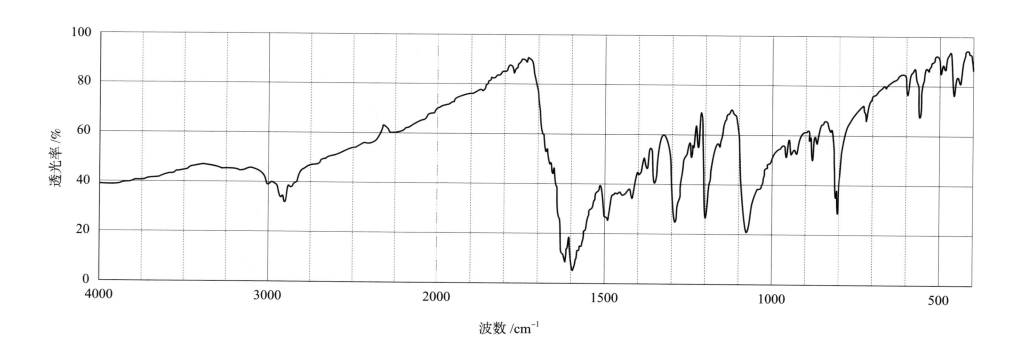

中文名称：双羟萘酸噻嘧啶

英文名称：Pyrantel Pamoate

分　子　式：$C_{11}H_{14}N_2S \cdot C_{23}H_{16}O_6$

仪器类型：光栅

试样制备：KBr 压片法

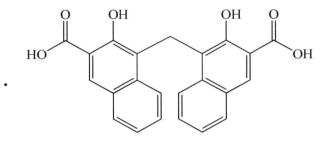

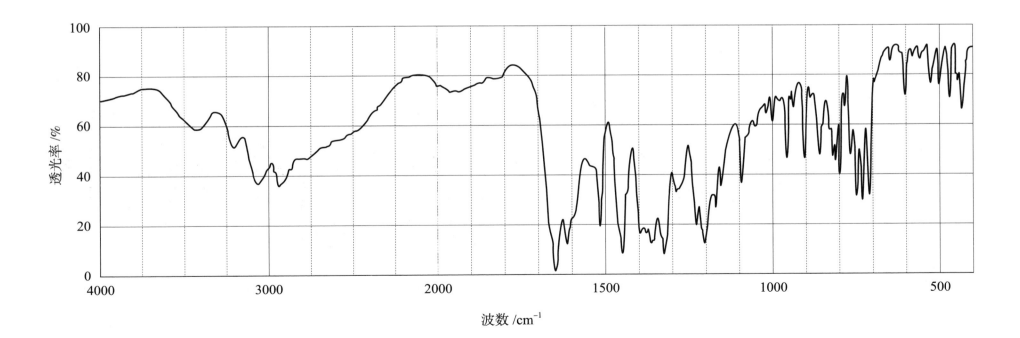

中文名称：水杨酸

英文名称：Salicylic Acid

分 子 式：C$_7$H$_6$O$_3$

仪器类型：光栅

试样制备：KBr 压片法

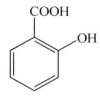

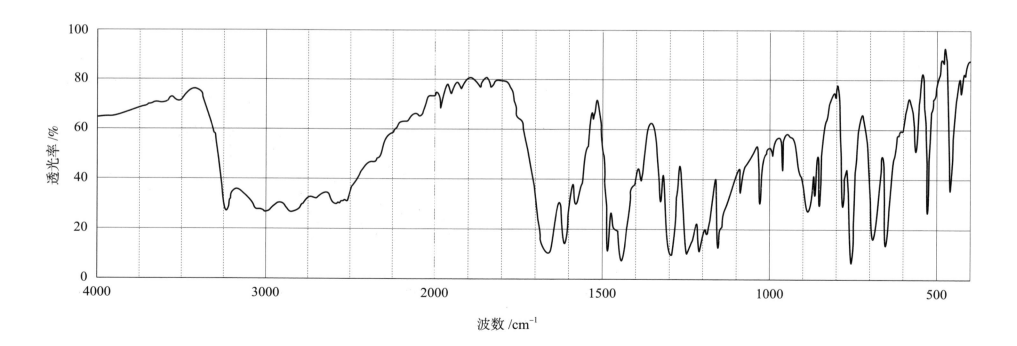

中文名称：甘油

英文名称：Glycerol

分 子 式：C₃H₈O₃

仪器类型：光栅

试样制备：膜法

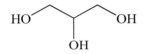

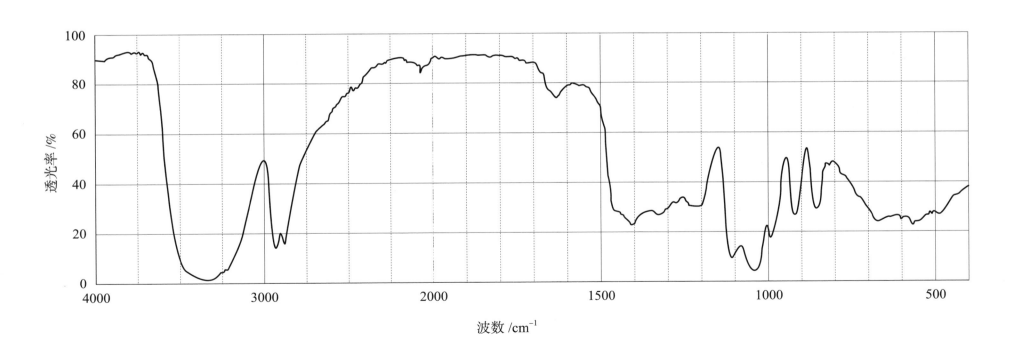

波数 /cm⁻¹

中文名称：甘油

英文名称：Glycerol

分 子 式：C₃H₈O₃

仪器类型：傅立叶

试样制备：取本品适量涂布于 KBr 空白片上，

　　　　　105℃加热 15 分钟后，立即测定。

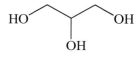

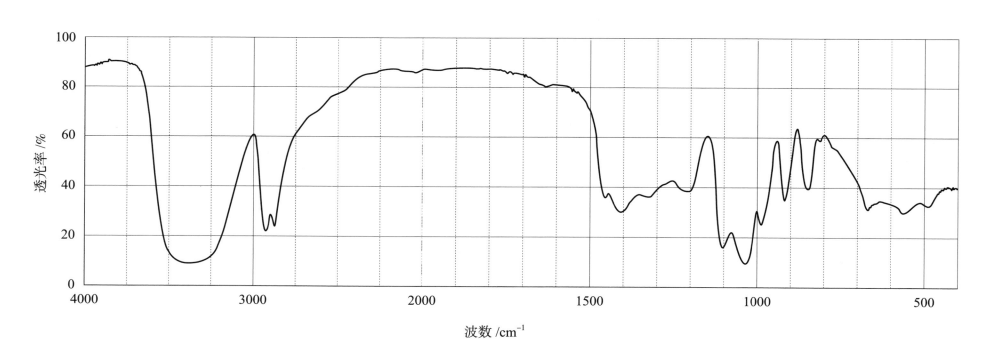

中文名称：甘露醇

英文名称：Mannitol

分 子 式：$C_6H_{14}O_6$

仪器类型：光栅

试样制备：KBr 压片法

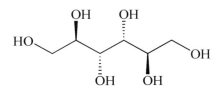

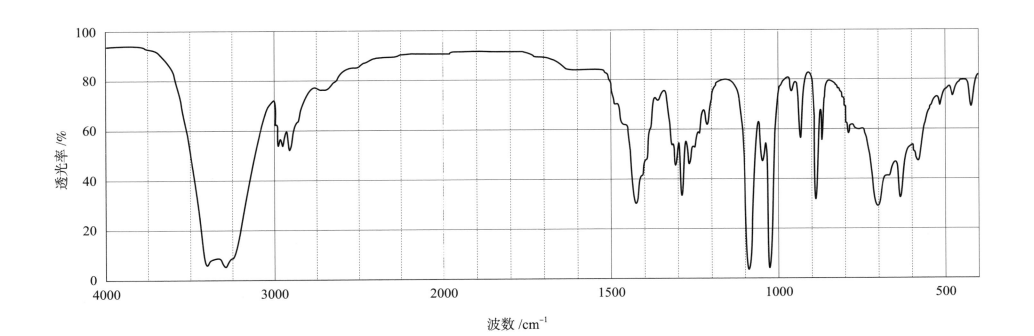

中文名称：甘露醇

英文名称：Mannitol

分 子 式：C$_6$H$_{14}$O$_6$

仪器类型：傅立叶

试样制备：KBr 压片法

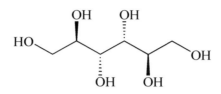

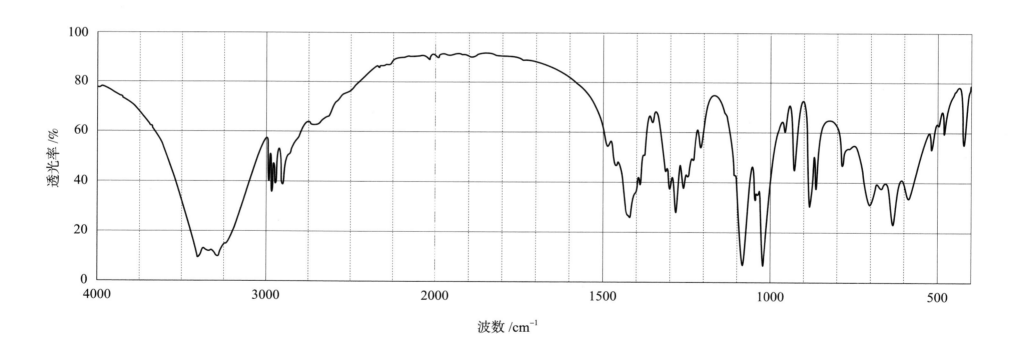

中文名称：丙酸睾酮

英文名称：Testosterone Propionate

分 子 式：$C_{22}H_{32}O_3$

仪器类型：光栅

试样制备：KBr 压片法

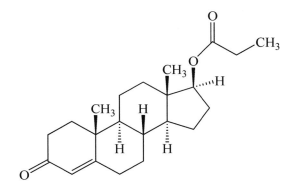

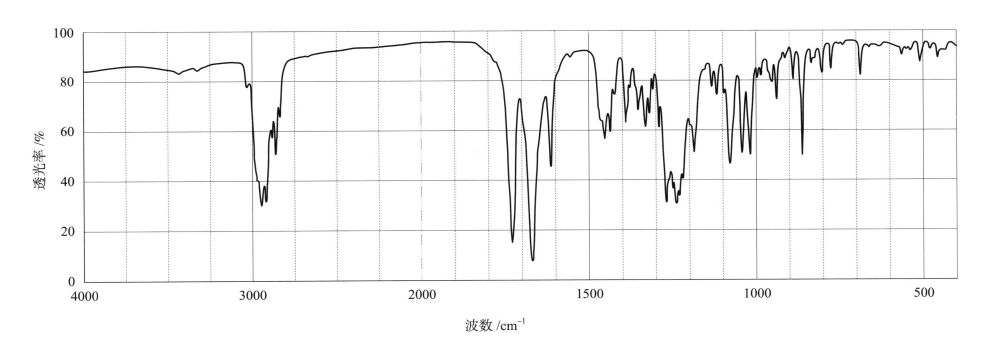

中文名称：樟脑

英文名称：Camphor

分 子 式：C₁₀H₁₆O

仪器类型：光栅

试样制备：KBr 压片法

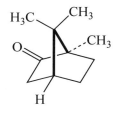

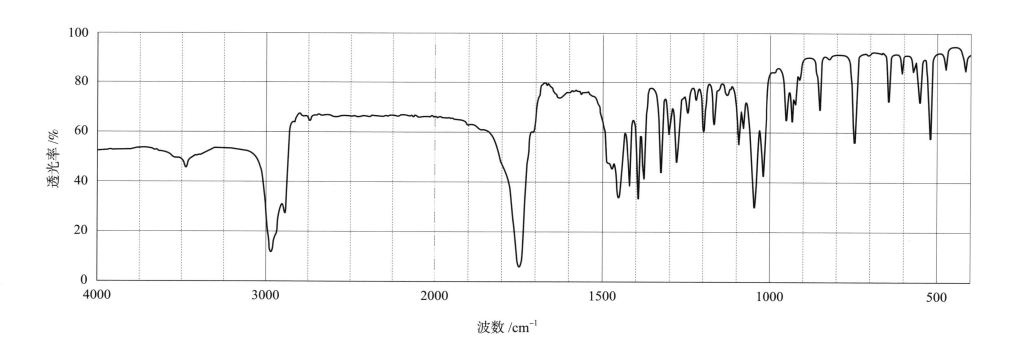

中文名称：布他磷

英文名称：Butaphosphan

分 子 式：C$_7$H$_{18}$NO$_2$P

仪器类型：傅立叶

试样制备：KBr 压片法

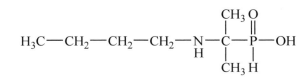

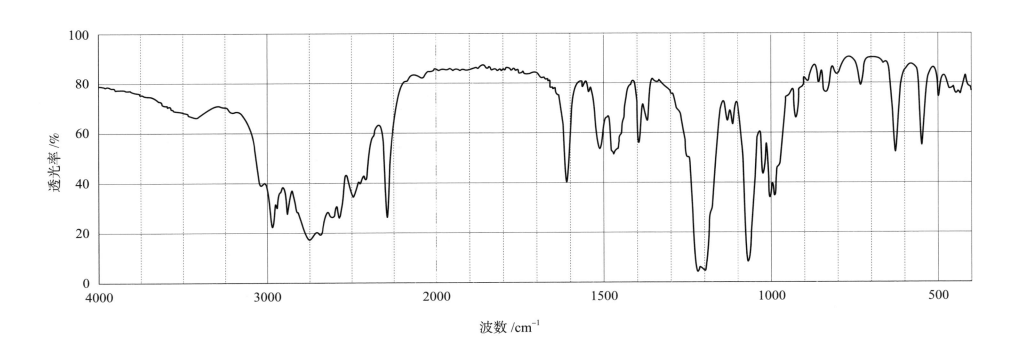

透光率 /%

波数 /cm^{-1}

中文名称：卡巴匹林钙

英文名称：Carbasalate Calcium

分 子 式：$C_{18}H_{14}CaO_8 \cdot CH_4N_2O$

仪器类型：傅立叶

试样制备：KBr 压片法

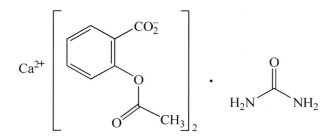

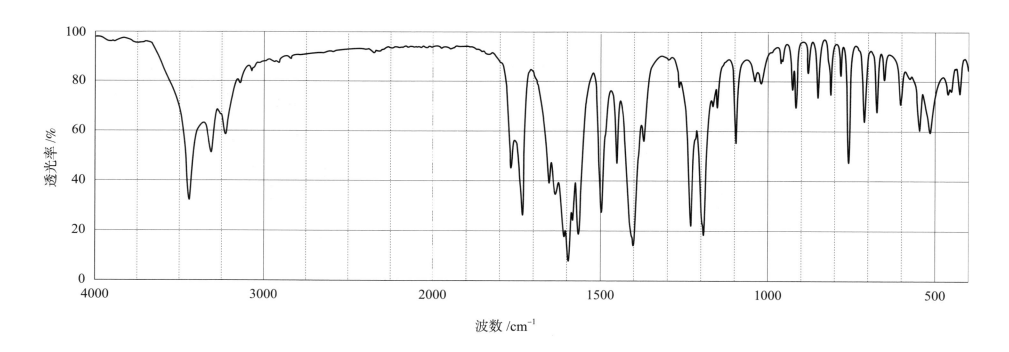

中文名称：叶酸

英文名称：Folic Acid

分 子 式：C$_{19}$H$_{19}$N$_7$O$_6$

仪器类型：光栅

试样制备：KBr 压片法

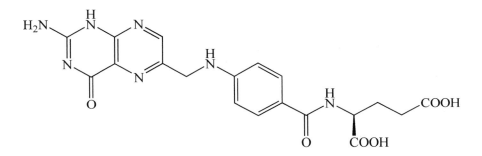

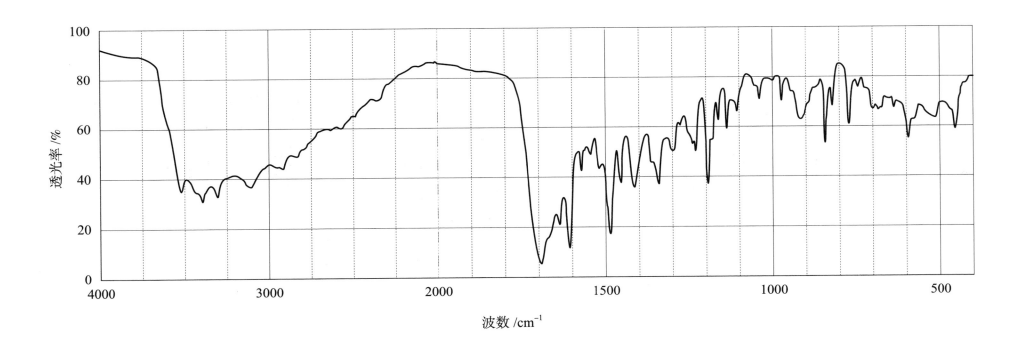

中文名称：甲苯咪唑（A 型）

英文名称：Mebendazole (Polymorph A)

分 子 式：$C_{16}H_{13}N_3O_3$

仪器类型：光栅

试样制备：KBr 压片法

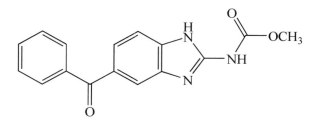

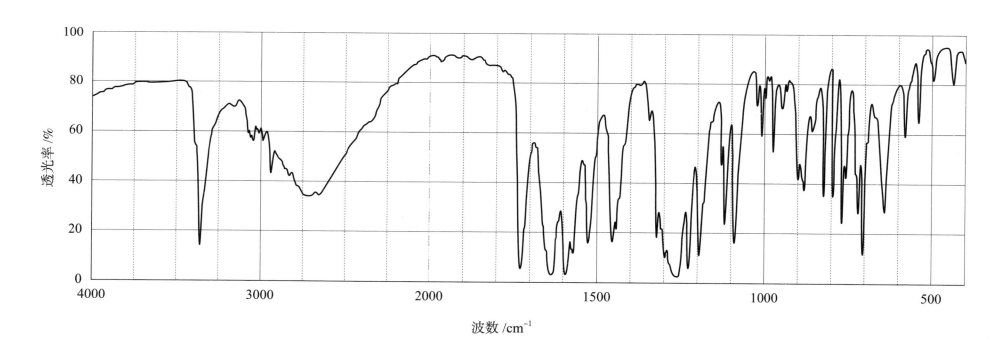

中文名称：甲苯咪唑（C 型）

英文名称：Mebendazole (Polymorph C)

分 子 式：C₁₆H₁₃N₃O₃

仪器类型：光栅

试样制备：KBr 压片法

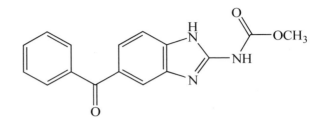

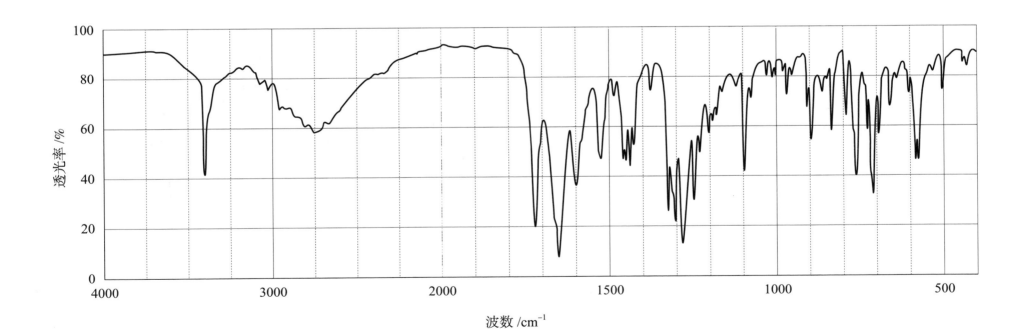

波数 /cm⁻¹

中文名称：甲苯咪唑（C 型）

英文名称：Mebendazole (Polymorph C)

分 子 式：$C_{16}H_{13}N_3O_3$

仪器类型：傅立叶

试样制备：KBr 压片法

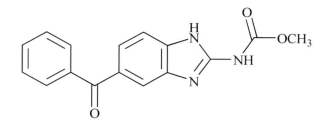

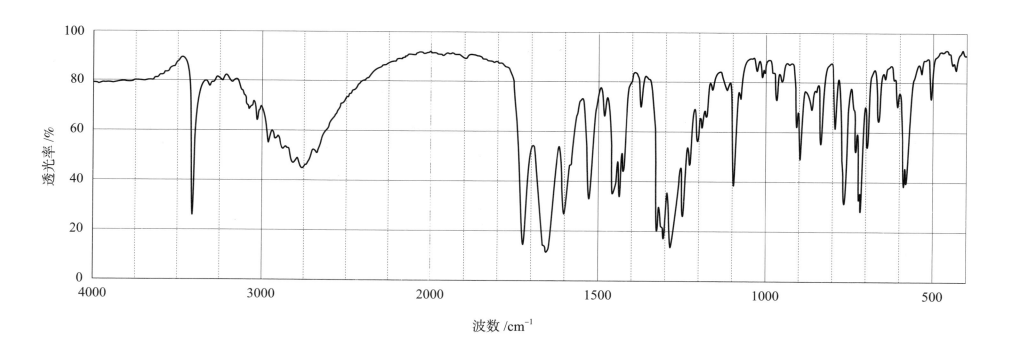

中文名称：甲砜霉素

英文名称：Thiamphenicol

分子式：$C_{12}H_{15}Cl_2NO_5S$

仪器类型：光栅

试样制备：KBr 压片法

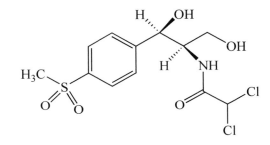

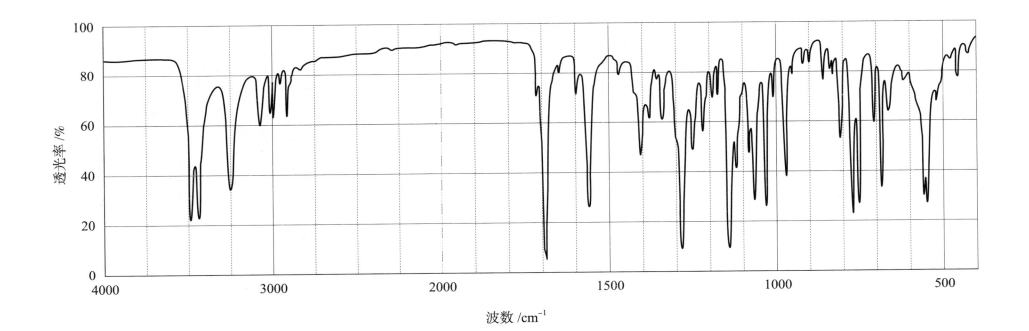

中文名称：甲砜霉素

英文名称：Thiamphenicol

分 子 式：C$_{12}$H$_{15}$Cl$_2$NO$_5$S

仪器类型：傅立叶

试样制备：KBr 压片法

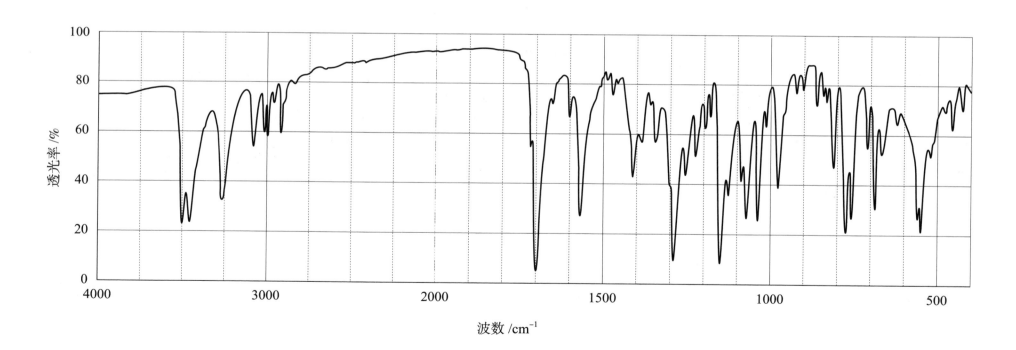

中文名称：甲氧苄啶

英文名称：Trimethoprim

分 子 式：$C_{14}H_{18}N_4O_3$

仪器类型：光栅

试样制备：KBr 压片法

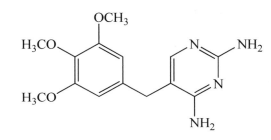

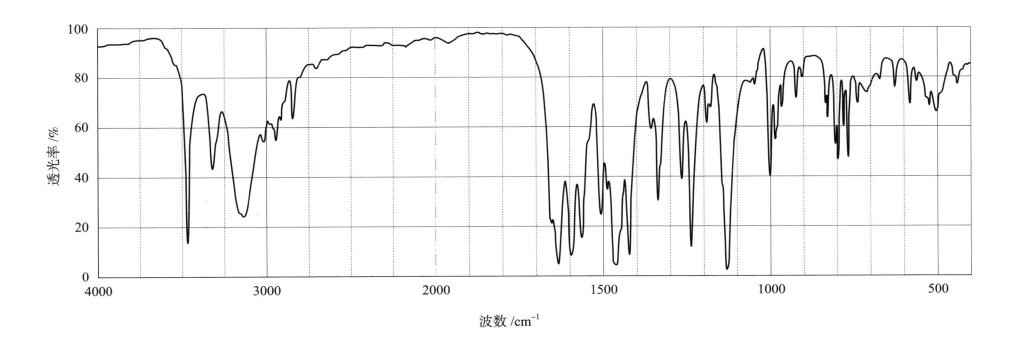

中文名称：甲基吡啶磷

英文名称：Azamethiphos

分 子 式：C$_9$H$_{10}$ClN$_2$O$_5$PS

仪器类型：傅立叶

试样制备：KBr 压片法

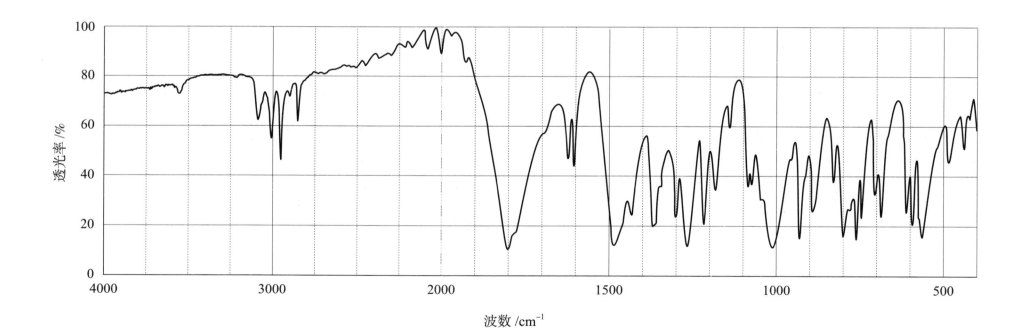

中文名称：甲硝唑

英文名称：Metronidazole

分 子 式：$C_6H_9N_3O_3$

仪器类型：光栅

试样制备：KBr 压片法

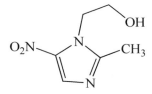

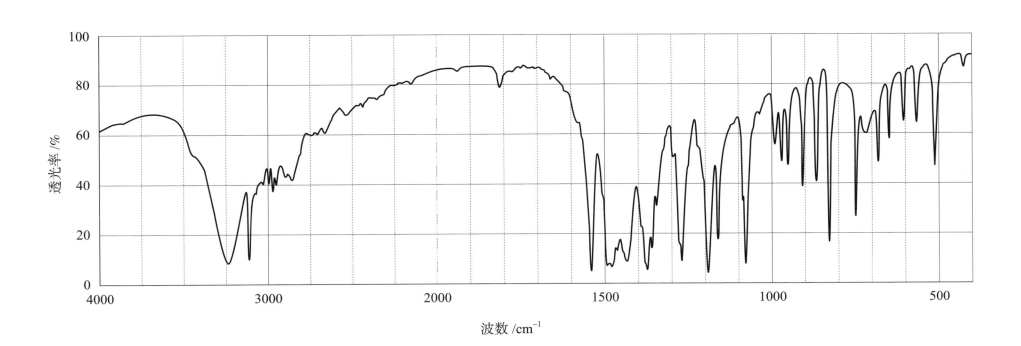

波数 /cm⁻¹

中文名称：甲硫酸新斯的明

英文名称：Neostigmine Methylsulfate

分 子 式：C$_{13}$H$_{22}$N$_2$O$_6$S

仪器类型：光栅

试样制备：糊法

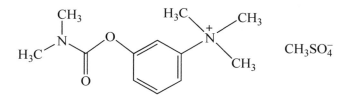

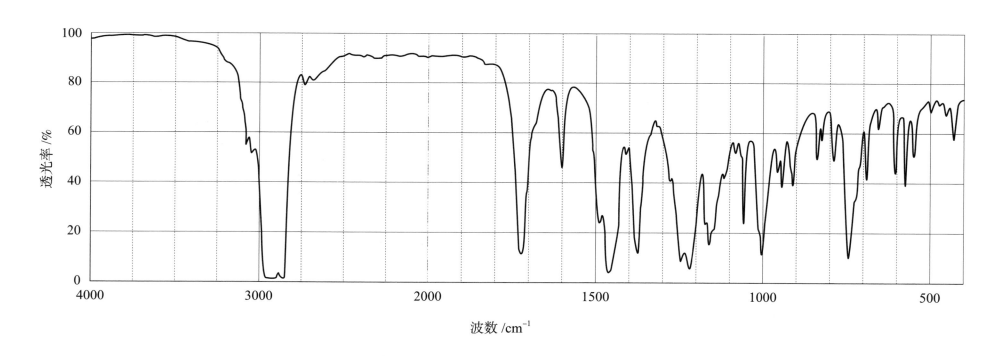

中文名称：甲磺酸达氟沙星

英文名称：Danofloxacin Mesylate

分　子　式：C₁₉H₂₀FN₃O₃ · CH₄O₃S

仪器类型：傅立叶

试样制备：KBr 压片法

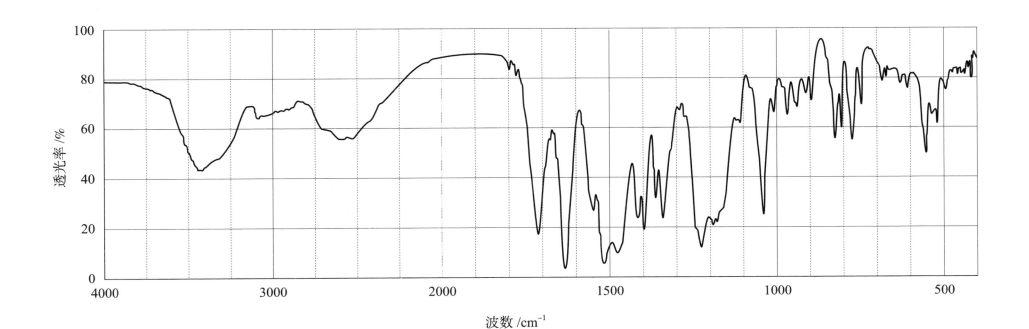

中文名称：甲磺酸培氟沙星

英文名称：Pefloxacin Mesylate

分 子 式：C$_{17}$H$_{20}$FN$_3$O$_3$ · CH$_4$O$_3$S · 2H$_2$O

仪器类型：傅立叶

试样制备：KBr 压片法

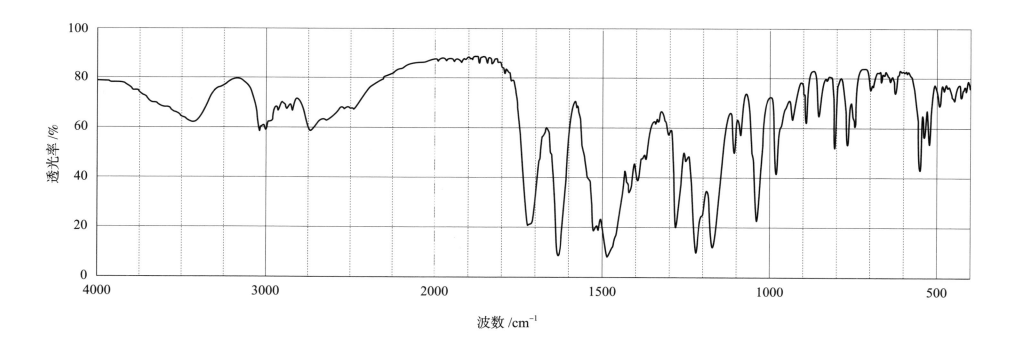

中文名称：尼可刹米

英文名称：Nikethamide

分　子　式：C₁₀H₁₄N₂O

仪器类型：光栅

试样制备：KBr 压片法

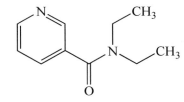

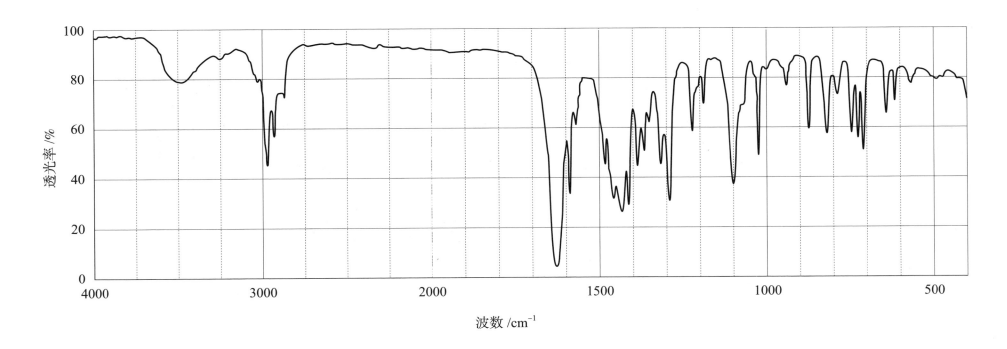

透光率 /%

波数 /cm⁻¹

中文名称：尼卡巴嗪

英文名称：Nicarbazine

分 子 式：$C_{13}H_{10}N_4O_5 \cdot C_6H_8N_2O$

仪器类型：傅立叶

试样制备：KBr 压片法

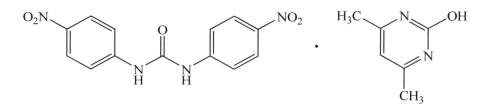

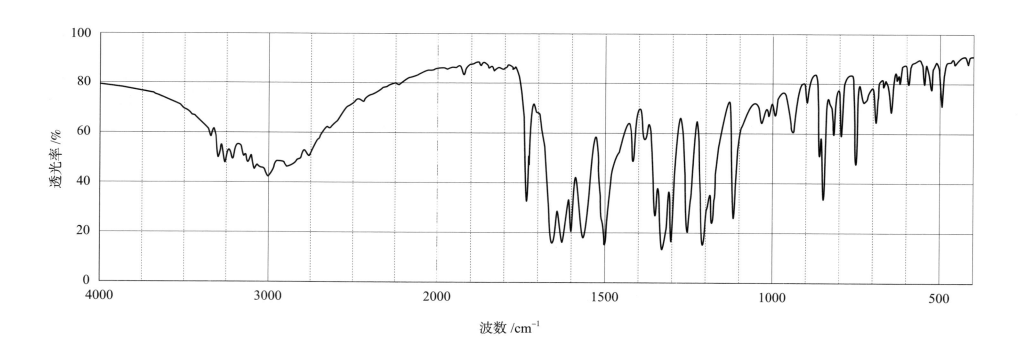

中文名称：对乙酰氨基酚

英文名称：Paracetamol

分 子 式：$C_8H_9NO_2$

仪器类型：光栅

试样制备：KBr 压片法

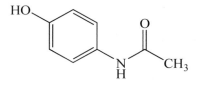

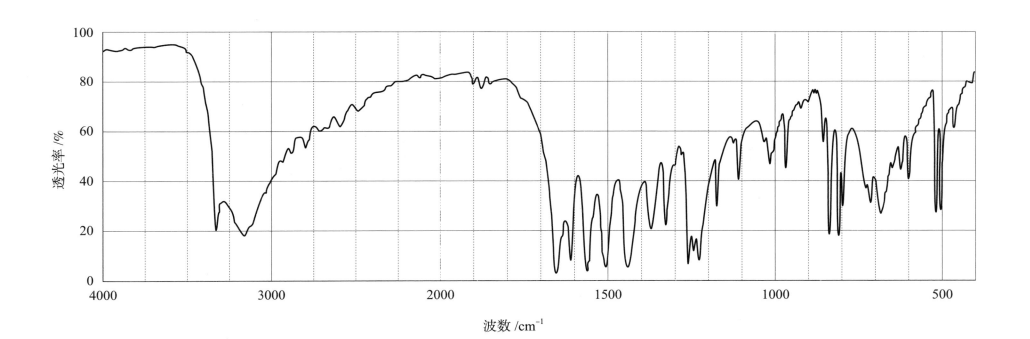

中文名称：地西泮

英文名称：Diazepam

分 子 式：C$_{16}$H$_{13}$ClN$_2$O

仪器类型：光栅

试样制备：KBr 压片法

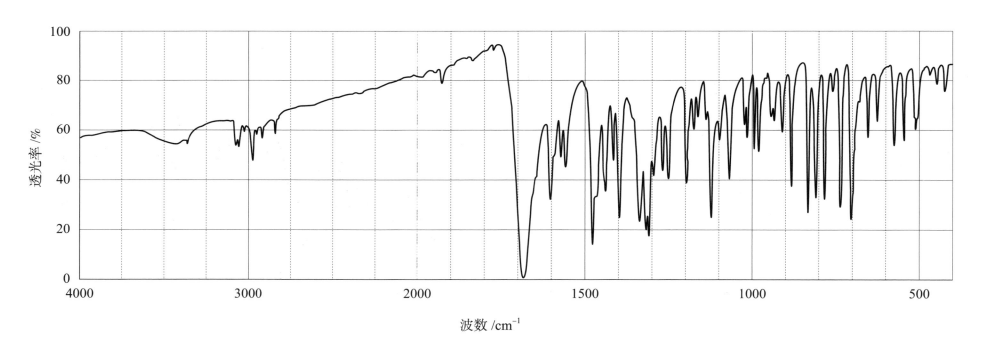

中文名称：地芬尼泰

英文名称：Diamfenetide

分 子 式：C$_{20}$H$_{24}$N$_2$O$_5$

仪器类型：傅立叶

试样制备：KBr 压片法

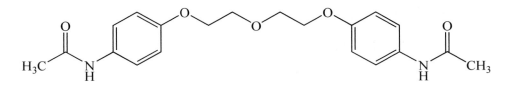

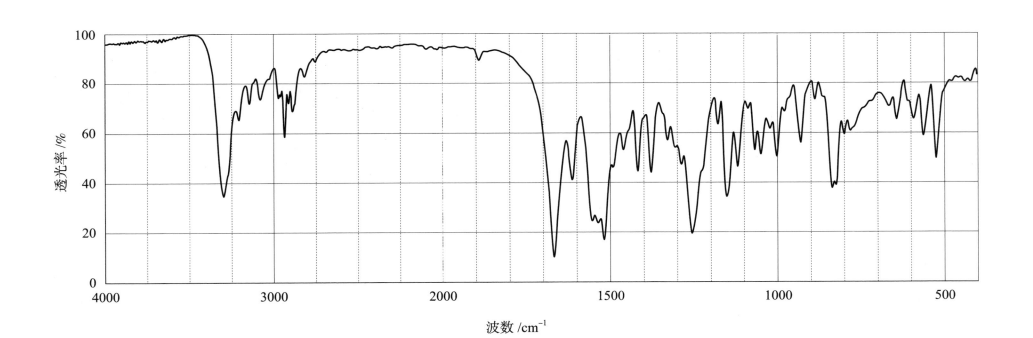

透光率 /%

波数 /cm^{-1}

中文名称：地克珠利

英文名称：Diclazuril

分 子 式：$C_{17}H_9Cl_3N_4O_2$

仪器类型：傅立叶

试样制备：KBr 压片法

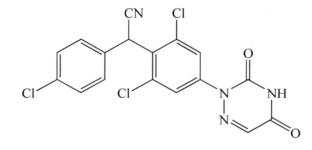

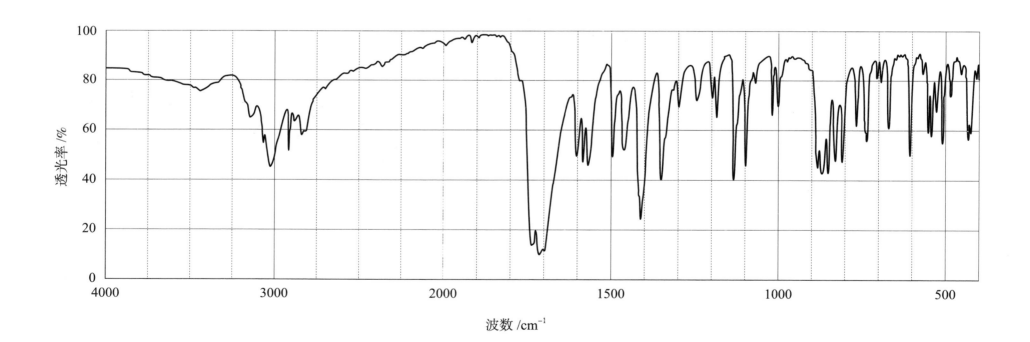

中文名称：地美硝唑

英文名称：Dimetridazole

分　子　式：$C_5H_7N_3O_2$

仪器类型：光栅

试样制备：KBr 压片法

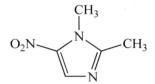

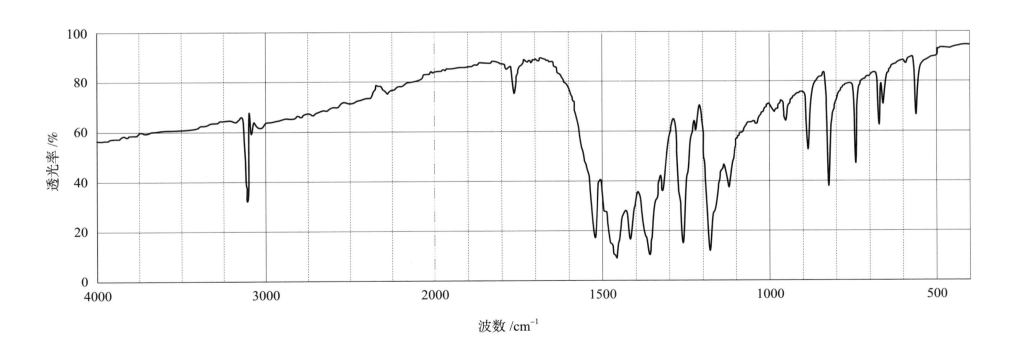

波数 /cm⁻¹

中文名称：地塞米松磷酸钠

英文名称：Dexamethasone Sodium Phosphate

分 子 式：$C_{22}H_{28}FNa_2O_8P$

仪器类型：光栅

试样制备：KBr 压片法

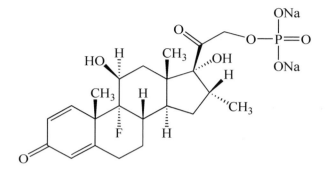

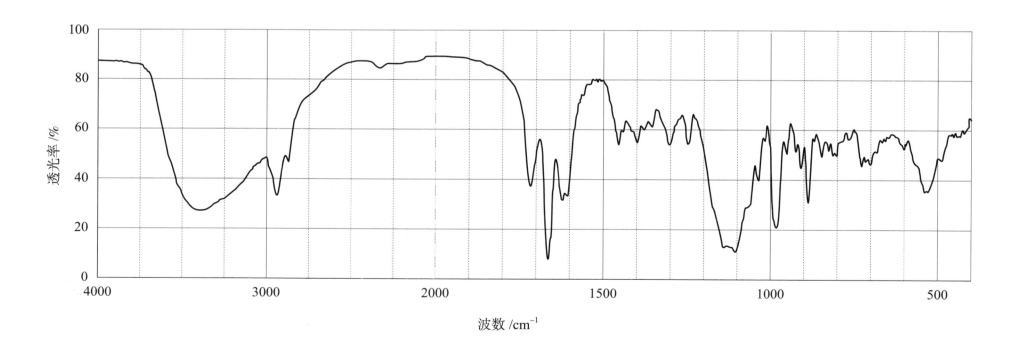

中文名称：亚甲蓝

英文名称：Methylthioninium Chloride

分 子 式：C₁₆H₁₈ClN₃S·3H₂O

仪器类型：光栅

试样制备：KCl 压片法

备　　注：取供试品约 1 mg 置研钵中，滴加少量无水甲醇溶解，加入适

　　　　　量 KCl 细粉，混匀，置红外灯下烘烤 5 分钟，研磨压片测定。

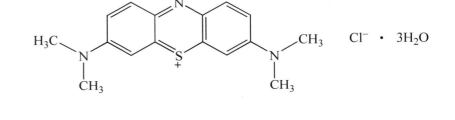

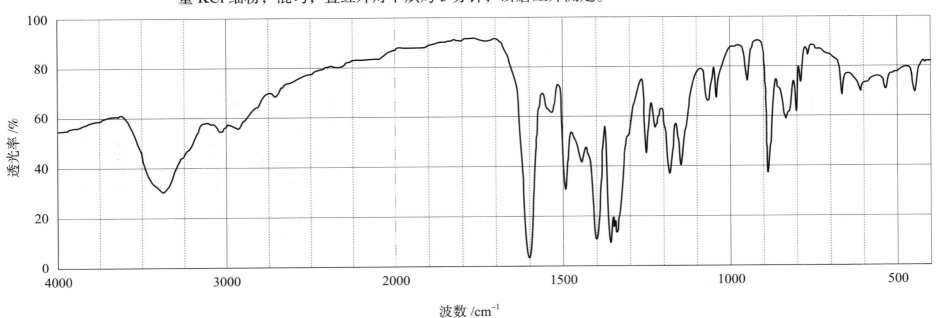

中文名称：亚硫酸氢钠甲萘醌

英文名称：Menadione Sodium Bisulfite

分 子 式：$C_{11}H_9NaO_5S \cdot 3H_2O$

仪器类型：光栅

试样制备：KBr 压片法

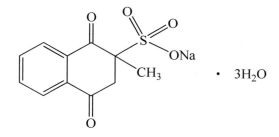

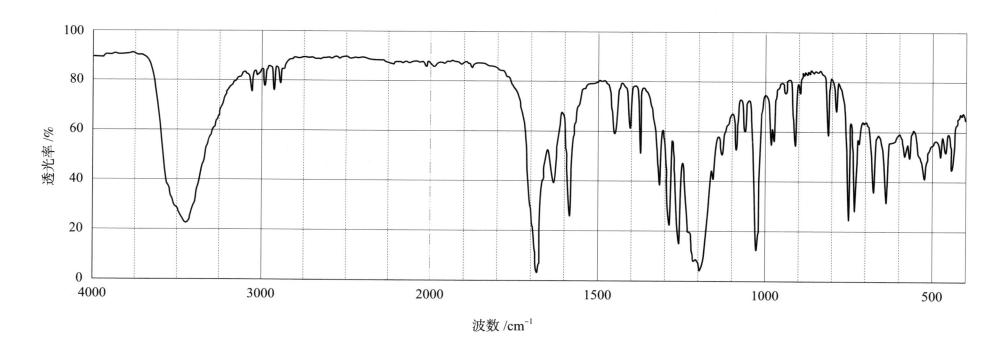

波数 /cm^{-1}

中文名称：西米考昔

英文名称：Cimicoxib

分　子　式：C$_{16}$H$_{13}$ClFN$_3$O$_3$S

仪器类型：傅立叶

试样制备：KBr 压片法

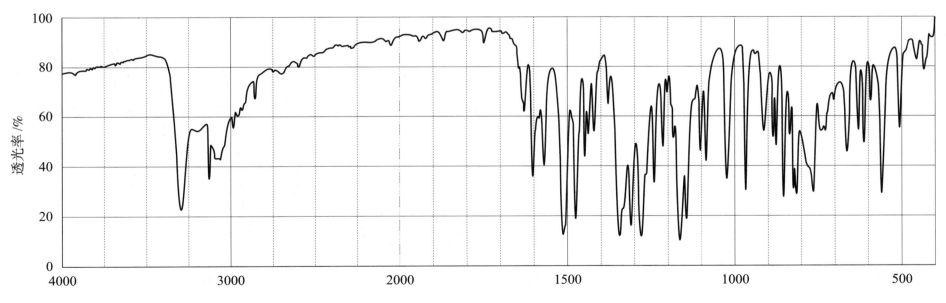

中文名称：托曲珠利

英文名称：Toltrazuril

分子式：$C_{18}H_{14}F_3N_3O_4S$

仪器类型：傅立叶

试样制备：KBr 压片法

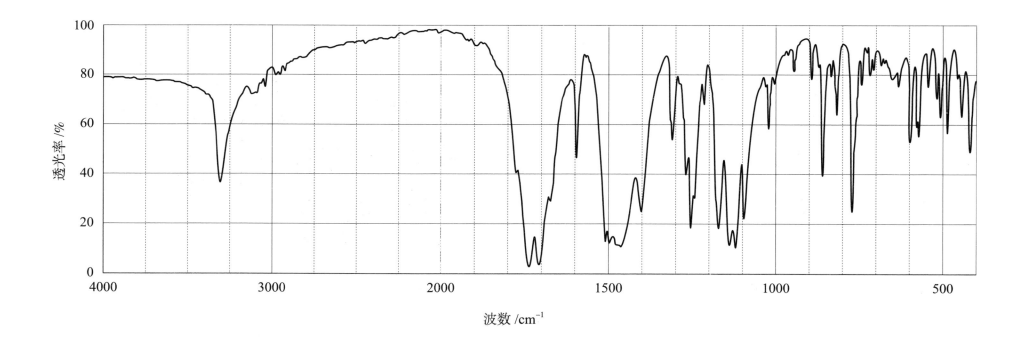

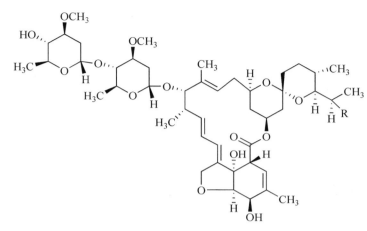

中文名称：伊维菌素

英文名称：Ivermectin

仪器类型：傅立叶

试样制备：KBr 压片法

伊维菌素H₂B₁ₐ：R=CH₂CH₃　　C₄₈H₇₄O₁₄
伊维菌素H₂B₁ᵦ：R=CH₃　　　　C₄₇H₇₂O₁₄

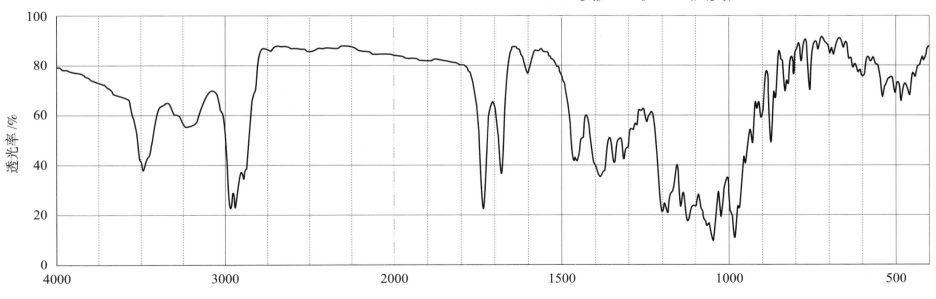

中文名称：多拉菌素

英文名称：Doramectin

分 子 式：$C_{50}H_{74}O_{14}$

仪器类型：傅立叶

试样制备：KBr 压片法

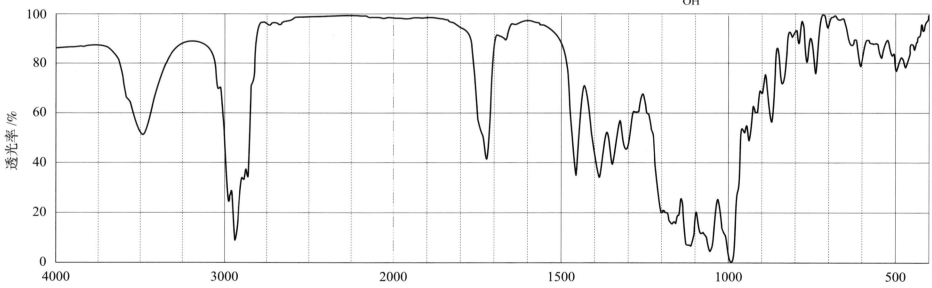

中文名称：多菌灵

英文名称：Carbendazim

分 子 式：C₉H₉N₃O₂

仪器类型：傅立叶

试样制备：KBr 压片法

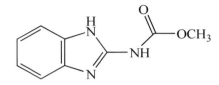

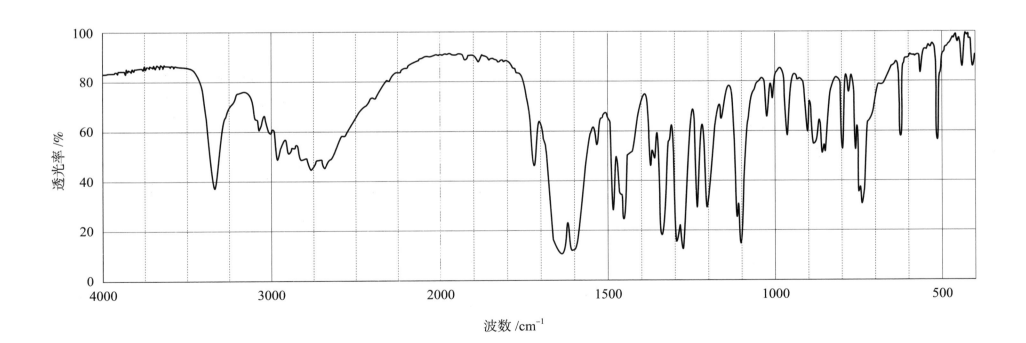

透光率 /%

波数 /cm⁻¹

中文名称：安乃近

英文名称：Metamizole Sodium

分 子 式：$C_{13}H_{16}N_3NaO_4S \cdot H_2O$

仪器类型：光栅

试样制备：KBr 压片法

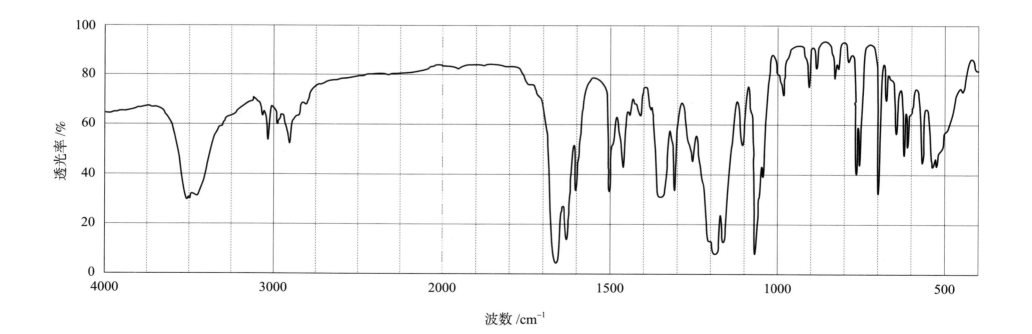

中文名称：安替比林

英文名称：Antipyrine

分　子　式：$C_{11}H_{12}N_2O$

仪器类型：傅立叶

试样制备：KBr 压片法

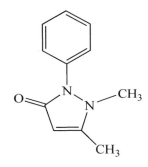

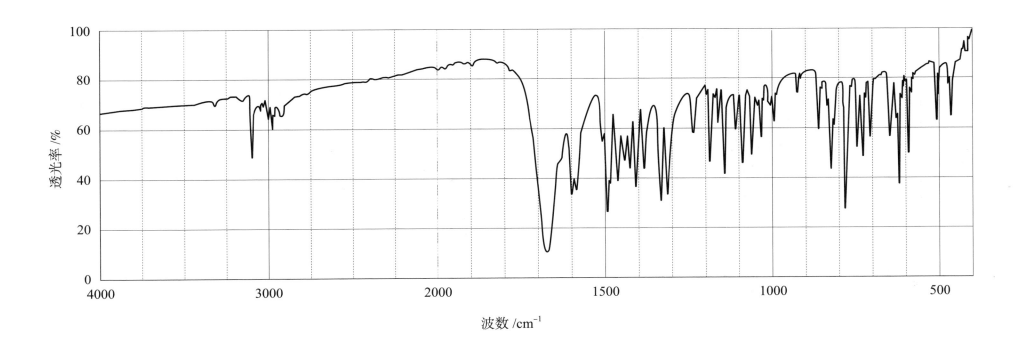

透光率 /%

波数 /cm⁻¹

中文名称：异戊巴比妥钠

英文名称：Amobarbital Sodium

分 子 式：$C_{11}H_{17}N_2NaO_3$

仪器类型：光栅

试样制备：KBr 压片法

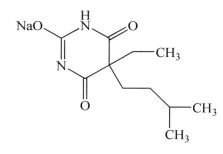

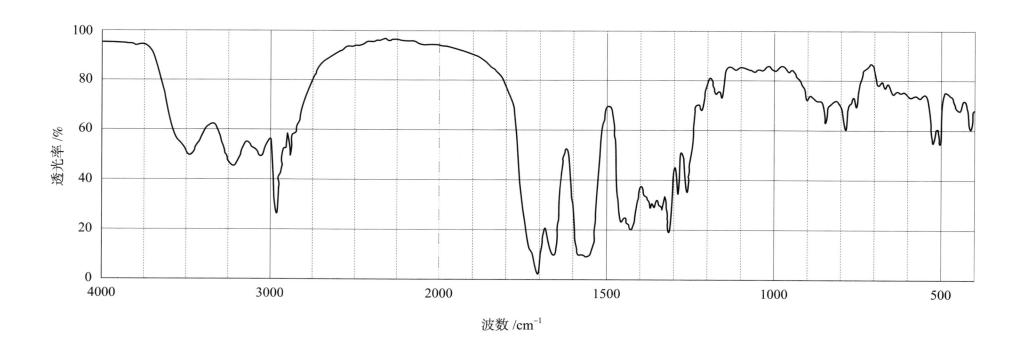

中文名称：红霉素

英文名称：Erythromycin

分 子 式：$C_{37}H_{67}NO_{13}$

仪器类型：光栅

试样制备：KBr 压片法

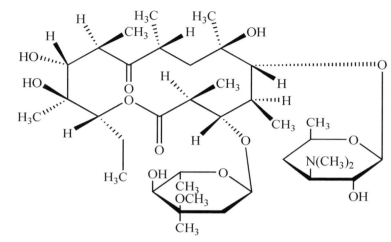

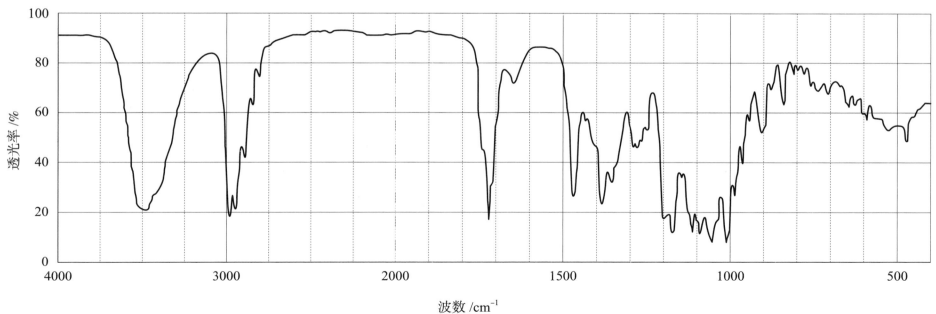

透光率 /%

波数 /cm⁻¹

中文名称：芬苯达唑

英文名称：Fenbendazole

分 子 式：$C_{15}H_{13}N_3O_2S$

仪器类型：光栅

试样制备：KBr 压片法

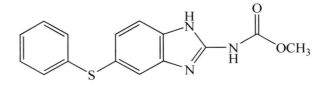

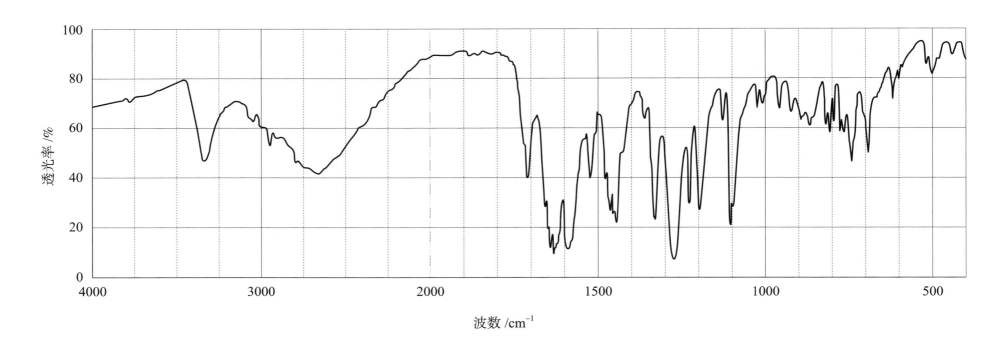

中文名称：苄星氯唑西林

英文名称：Benzathine Cloxacillin

分 子 式：(C$_{19}$H$_{18}$ClN$_3$O$_5$S)$_2$ · C$_{16}$H$_{20}$N$_2$

仪器类型：傅立叶

试样制备：KBr 压片法

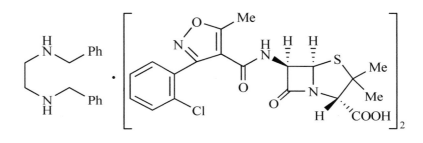

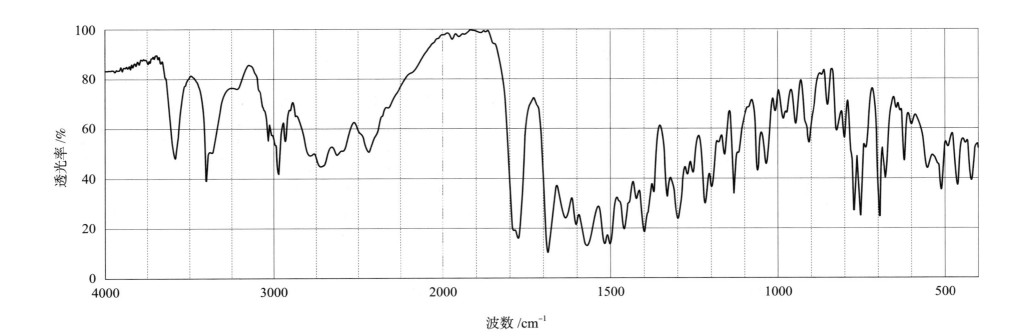

中文名称：呋塞米

英文名称：Furosemide

分 子 式：C$_{12}$H$_{11}$ClN$_2$O$_5$S

仪器类型：光栅

试样制备：KBr 压片法

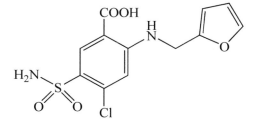

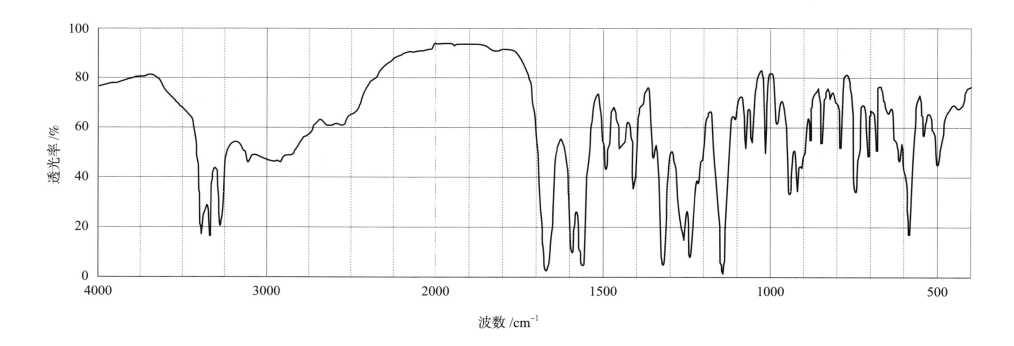

波数 /cm^{-1}

中文名称：吡喹酮

英文名称：Praziquantel

分 子 式：C$_{19}$H$_{24}$N$_2$O$_2$

仪器类型：光栅

试样制备：KBr 压片法

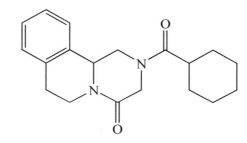

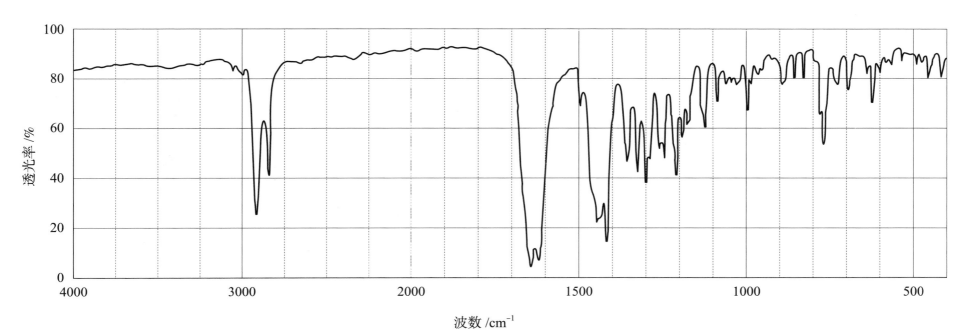

波数 /cm^{-1}

中文名称：沙拉沙星

英文名称：Sarafloxacin

分 子 式：$C_{20}H_{17}F_2N_3O_3$

仪器类型：傅立叶

试样制备：KBr 压片法

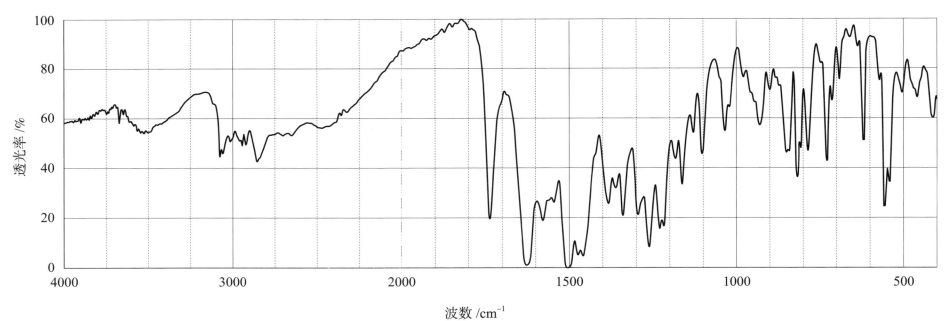

中文名称：延胡索酸泰妙菌素

英文名称：Tiamulin Fumarate

分 子 式：C$_{28}$H$_{47}$NO$_4$S · C$_4$H$_4$O$_4$

仪器类型：傅立叶

试样制备：KBr 压片法

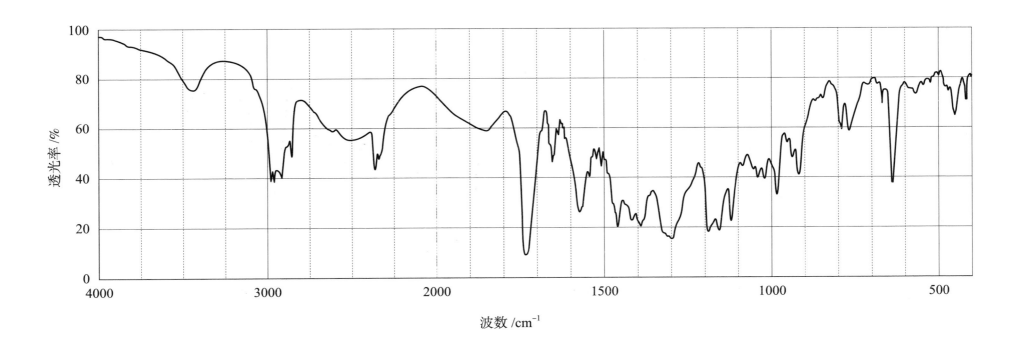

中文名称：泛酸钙

英文名称：Calcium Pantothenate

分 子 式：$C_{18}H_{32}CaN_2O_{10}$

仪器类型：光栅

试样制备：KBr 压片法

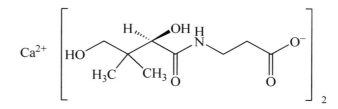

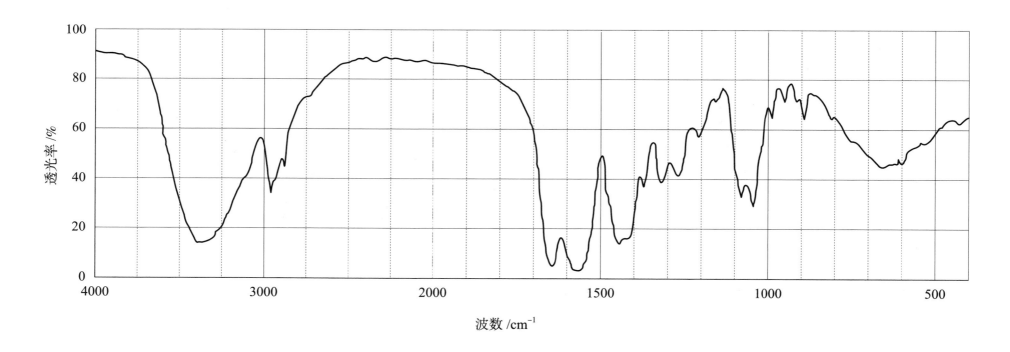

中文名称：阿司匹林

英文名称：Aspirin

分 子 式：C$_9$H$_8$O$_4$

仪器类型：光栅

试样制备：KBr 压片法

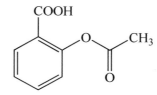

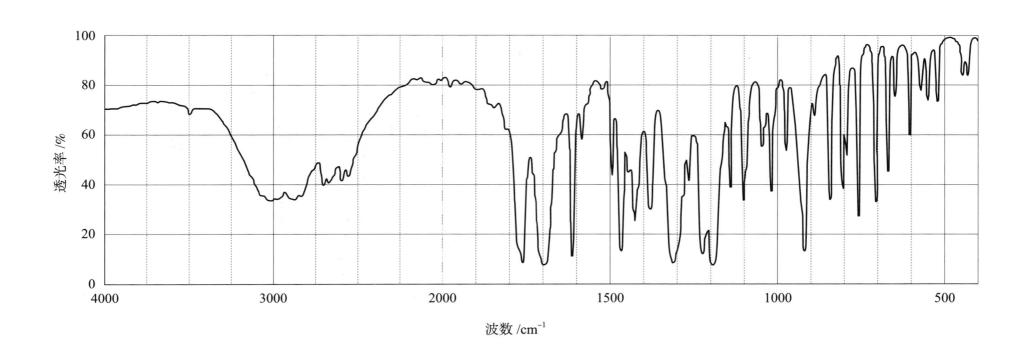

中文名称：阿苯达唑

英文名称：Albendazole

分 子 式：C$_{12}$H$_{15}$N$_3$O$_2$S

仪器类型：光栅

试样制备：KBr 压片法

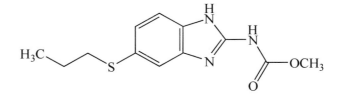

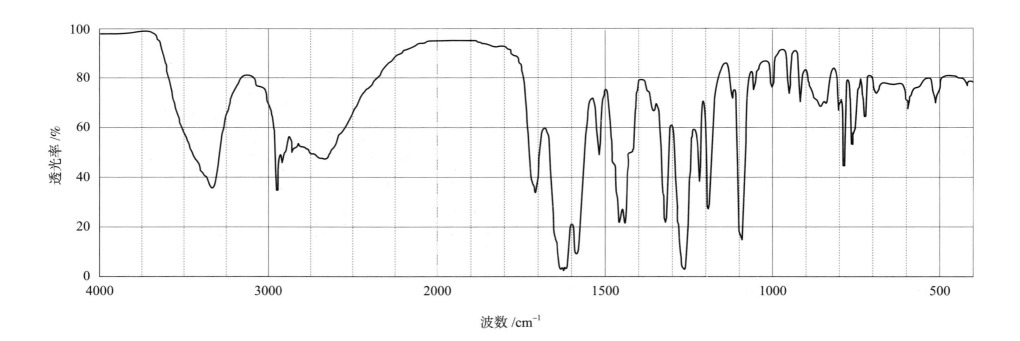

波数 /cm^{-1}

中文名称：阿苯达唑

英文名称：Albendazole

分 子 式：C₁₂H₁₅N₃O₂S

仪器类型：傅立叶

试样制备：石蜡糊法

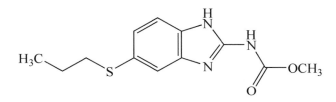

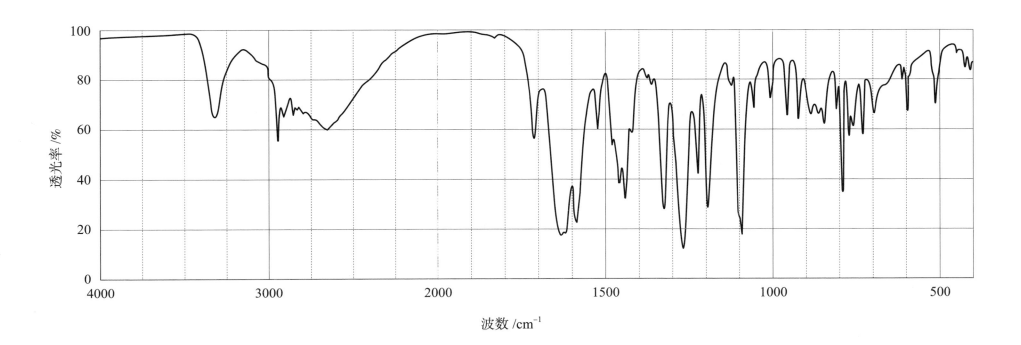

波数 /cm⁻¹

中文名称：阿莫西林

英文名称：Amoxicillin

分子式：$C_{16}H_{19}N_3O_5S \cdot 3H_2O$

仪器类型：光栅

试样制备：KBr 压片法

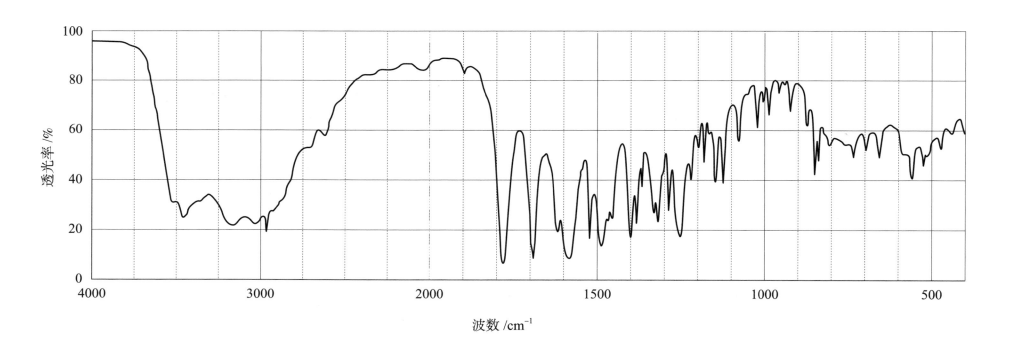

纵坐标：透光率 /%

横坐标：波数 /cm^{-1}

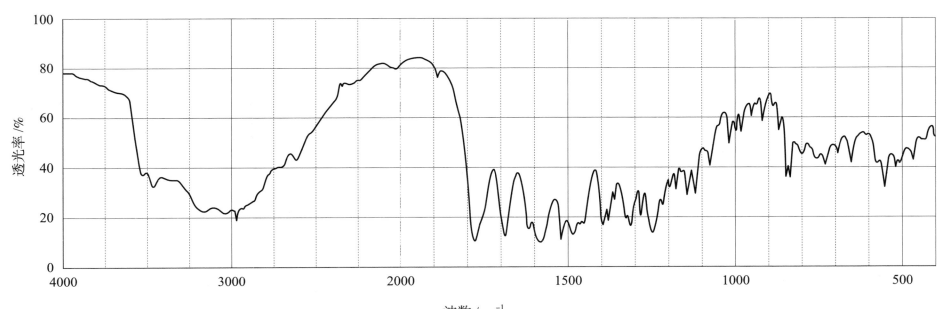

中文名称：阿莫西林

英文名称：Amoxicillin

分 子 式：$C_{16}H_{19}N_3O_5S \cdot 3H_2O$

仪器类型：傅立叶

试样制备：KBr 压片法

透光率 /%

波数 /cm⁻¹

中文名称：阿莫西林钠

英文名称：Amoxicillin Sodium

分 子 式：C$_{16}$H$_{18}$N$_3$NaO$_5$S

仪器类型：傅立叶

试样制备：KBr 压片法

备　　注：本品在红外灯下研磨，3 分钟内完成。

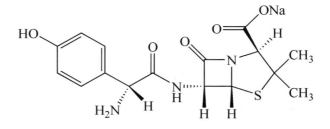

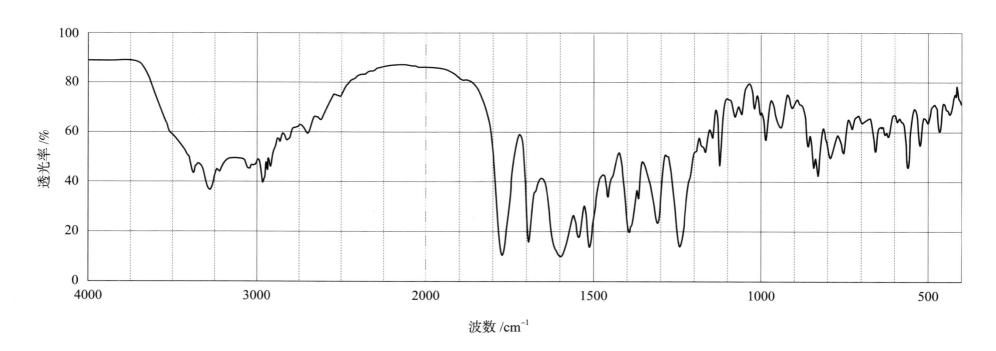

中文名称：环丙氨嗪

英文名称：Cyromazine

分 子 式：$C_6H_{10}N_6$

仪器类型：傅立叶

试样制备：KBr 压片法

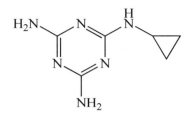

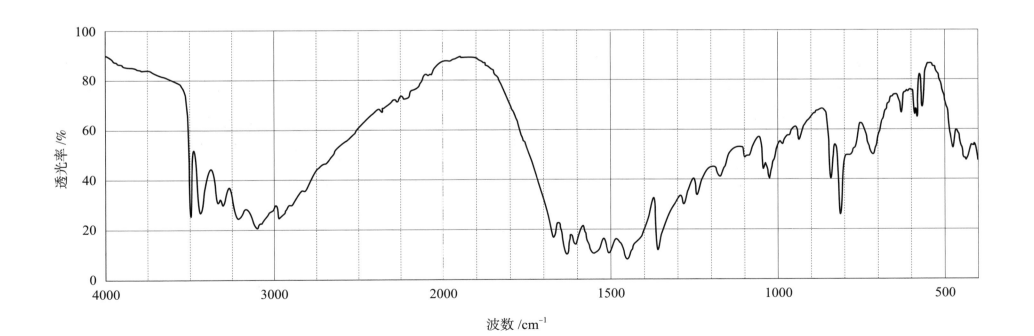

中文名称：青蒿琥酯

英文名称：Artesunate

分 子 式：$C_{19}H_{28}O_8$

仪器类型：光栅

试样制备：KBr 压片法

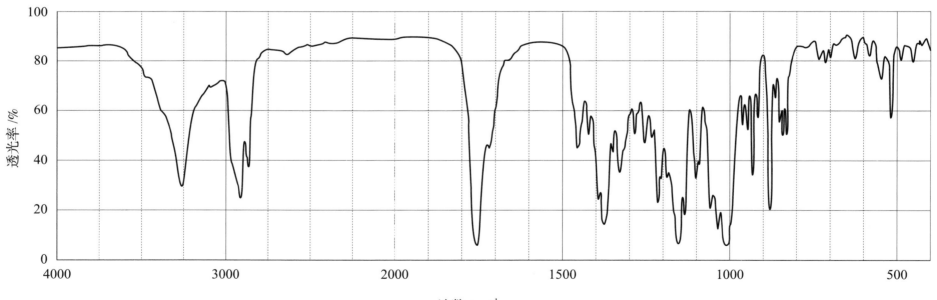

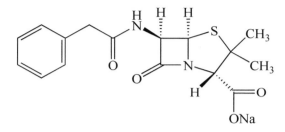

中文名称：青霉素钠

英文名称：Benzylpenicillin Sodium

分 子 式：$C_{16}H_{17}N_2NaO_4S$

仪器类型：光栅

试样制备：KBr 压片法

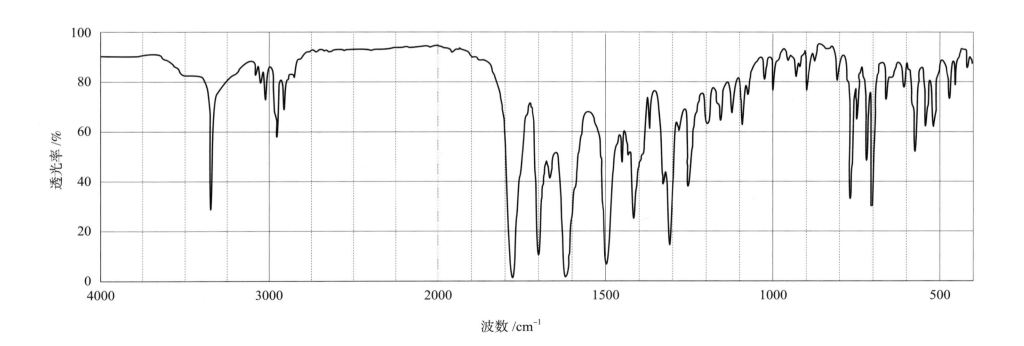

中文名称：青霉素钾

英文名称：Benzylpenicillin Potassium

分 子 式：$C_{16}H_{17}KN_2O_4S$

仪器类型：光栅

试样制备：KBr 压片法

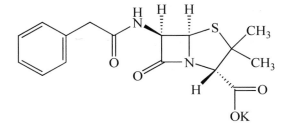

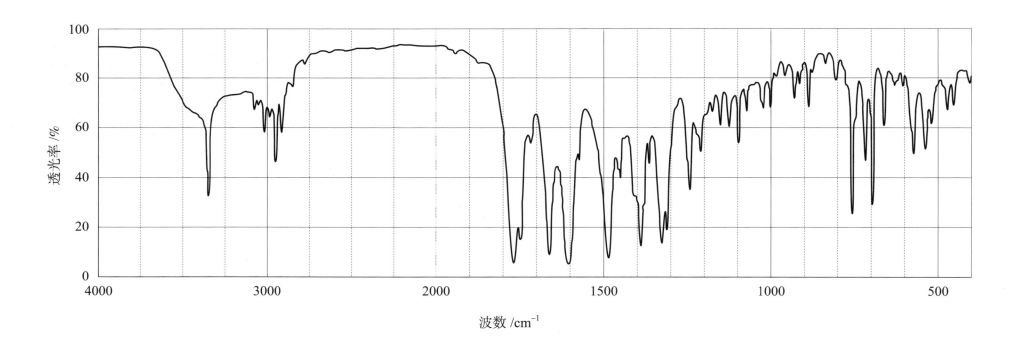

中文名称：苯巴比妥

英文名称：Phenobarbital

分 子 式：$C_{12}H_{12}N_2O_3$

仪器类型：光栅

试样制备：KBr 压片法

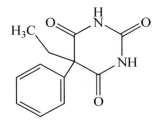

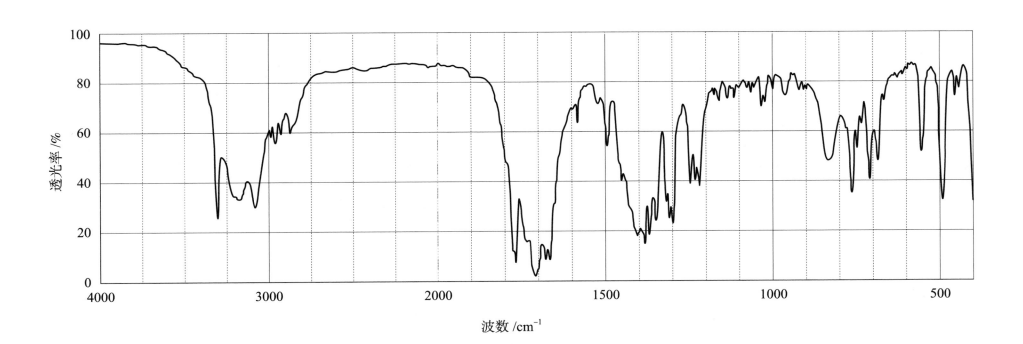

中文名称：苯巴比妥钠

英文名称：Phenobarbital Sodium

分 子 式：$C_{12}H_{11}N_2NaO_3$

仪器类型：光栅

试样制备：KBr 压片法

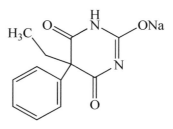

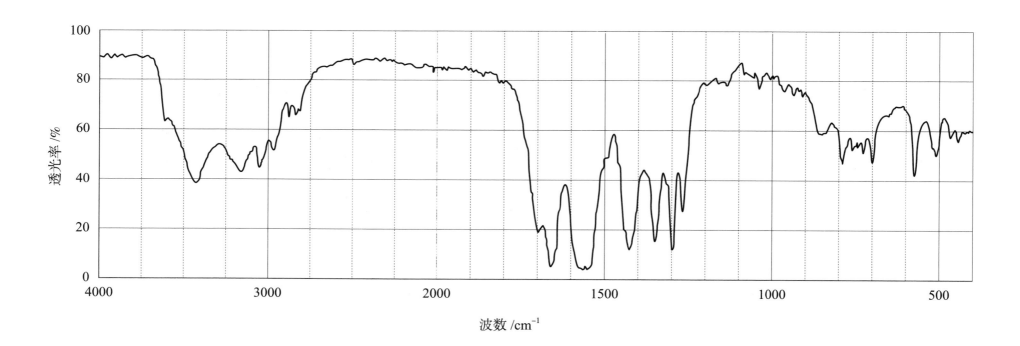

中文名称：苯丙酸诺龙

英文名称：Nandrolone Phenylpropionate

分 子 式：$C_{27}H_{34}O_3$

仪器类型：光栅

试样制备：KBr 压片法

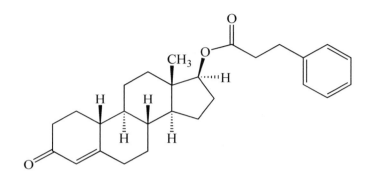

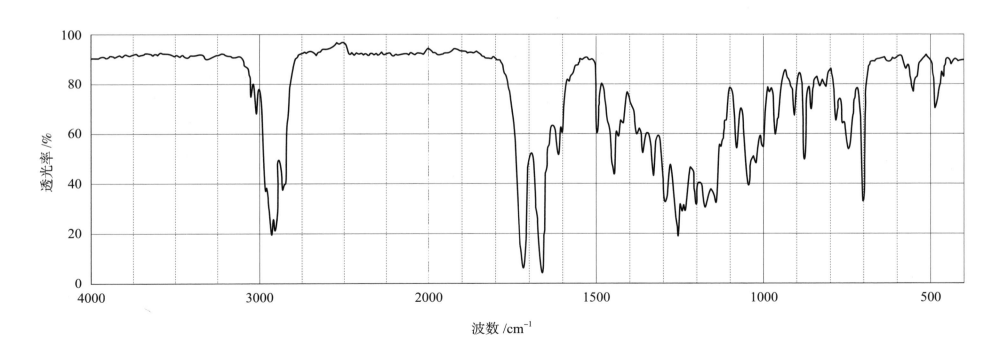

透光率 /%

波数 /cm⁻¹

中文名称：苯甲酸钠

英文名称：Sodium Benzoate

分 子 式：C$_7$H$_5$NaO$_2$

仪器类型：光栅

试样制备：KBr 压片法

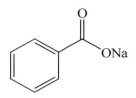

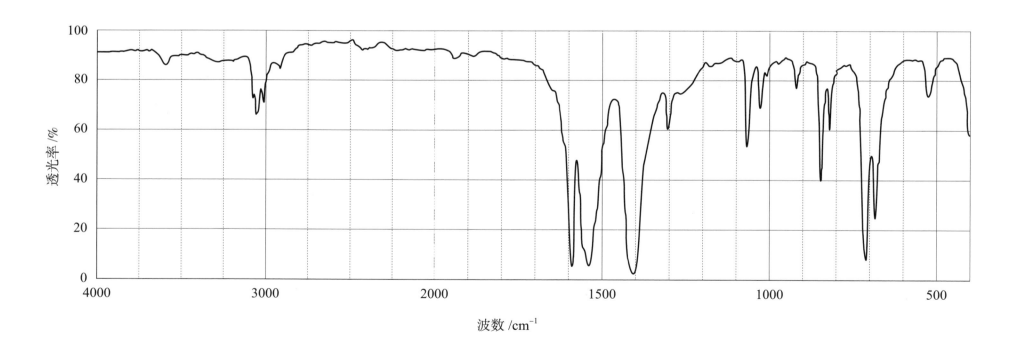

中文名称：苯甲酸雌二醇

英文名称：Estradiol Benzoate

分 子 式：$C_{25}H_{28}O_3$

仪器类型：光栅

试样制备：KBr 压片法

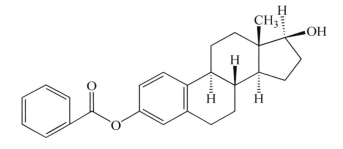

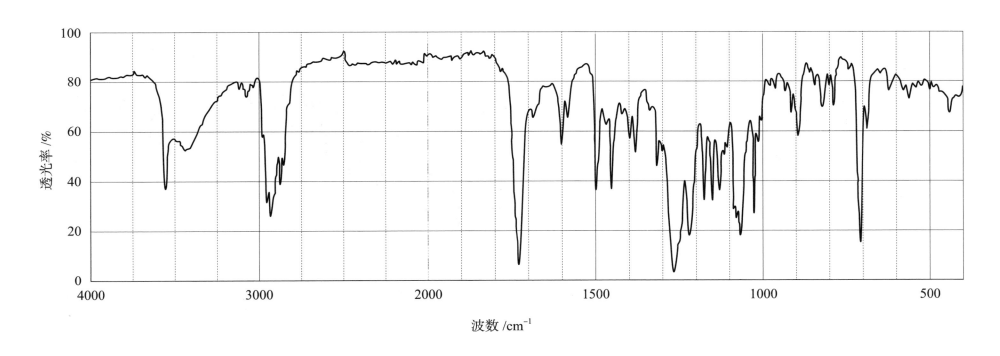

中文名称：苯唑西林钠

英文名称：Oxacillin Sodium

分 子 式：$C_{19}H_{18}N_3NaO_5S \cdot H_2O$

仪器类型：傅立叶

试样制备：KBr 压片法

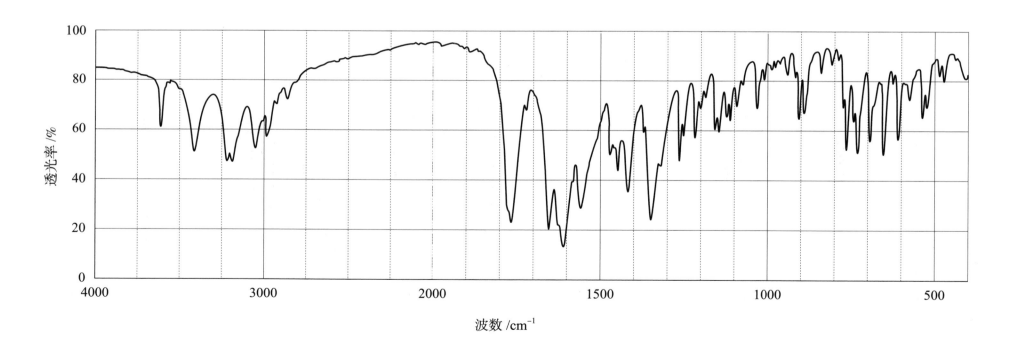

中文名称：苯酚

英文名称：Phenol

分 子 式：C_6H_6O

仪器类型：光栅

试样制备：KBr 压片法

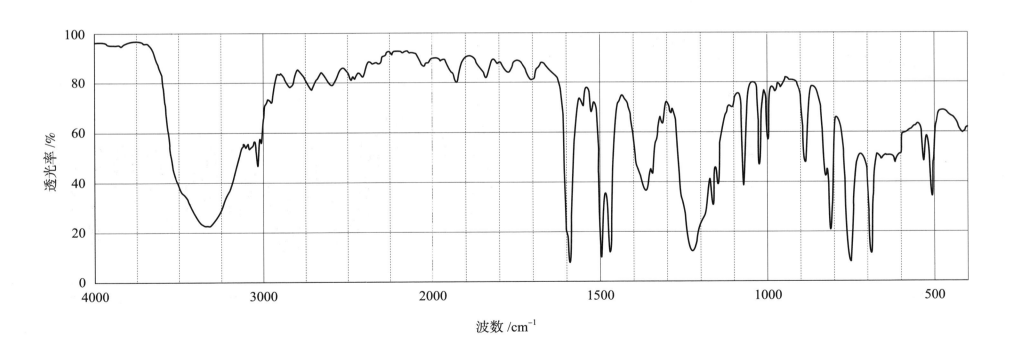

波数 /cm⁻¹

中文名称：非罗考昔

英文名称：Firocoxib

分 子 式：$C_{17}H_{20}O_5S$

仪器类型：傅立叶

试样制备：KBr 压片法

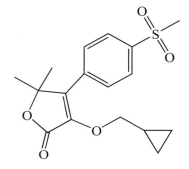

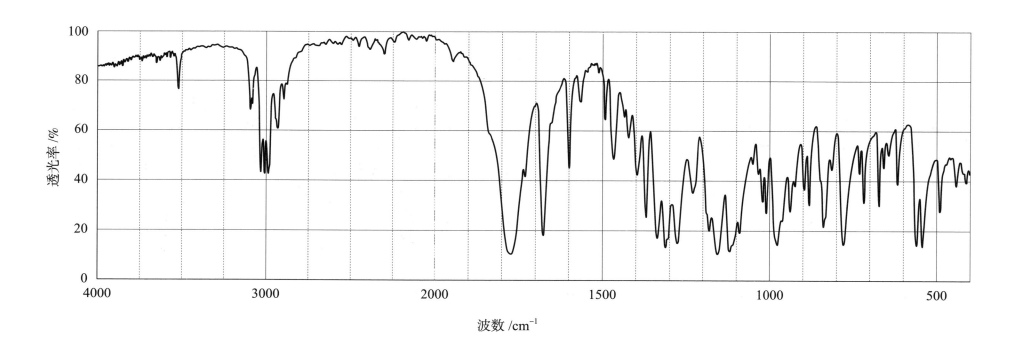

中文名称：非泼罗尼

英文名称：Fipronil

分 子 式：C$_{12}$H$_4$Cl$_2$F$_6$N$_4$OS

仪器类型：傅立叶

试样制备：KBr 压片法

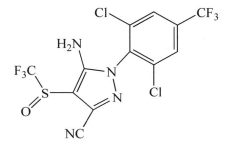

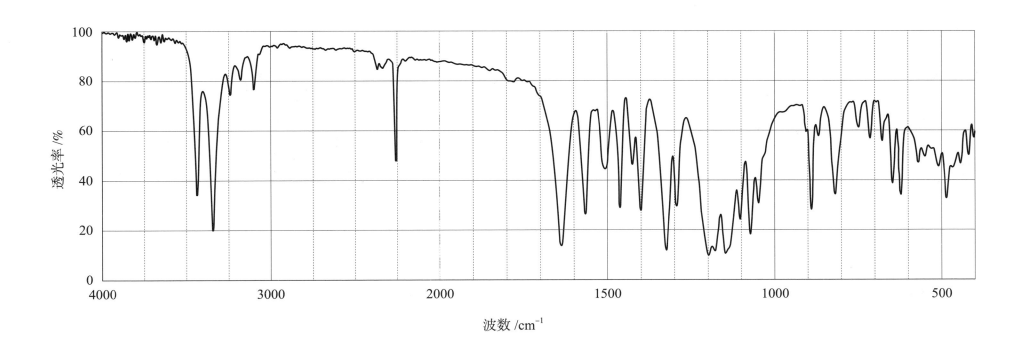

中文名称：非班太尔

英文名称：Febantel

分 子 式：$C_{20}H_{22}N_4O_6S$

仪器类型：傅立叶

试样制备：KBr 压片法

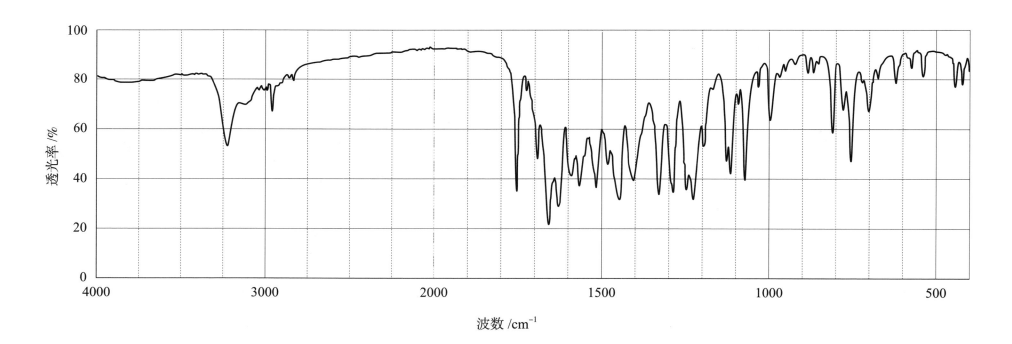

中文名称：咖啡因

英文名称：Caffeine

分 子 式：$C_8H_{10}N_4O_2 \cdot H_2O$

仪器类型：光栅

试样制备：KBr 压片法

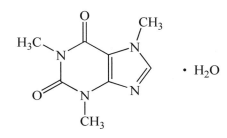

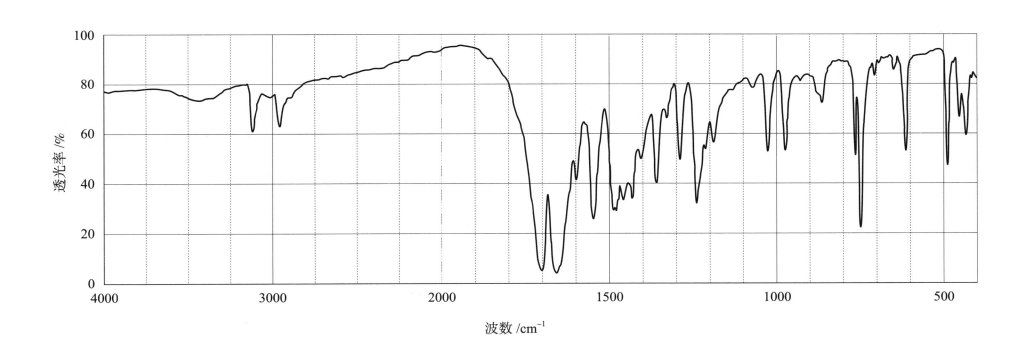

中文名称：乳酸甲氧苄啶

英文名称：Trimethoprim Lactate

分 子 式：C$_{14}$H$_{18}$N$_4$O$_3$·C$_3$H$_6$O$_3$

仪器类型：傅立叶

试样制备：KBr 压片法

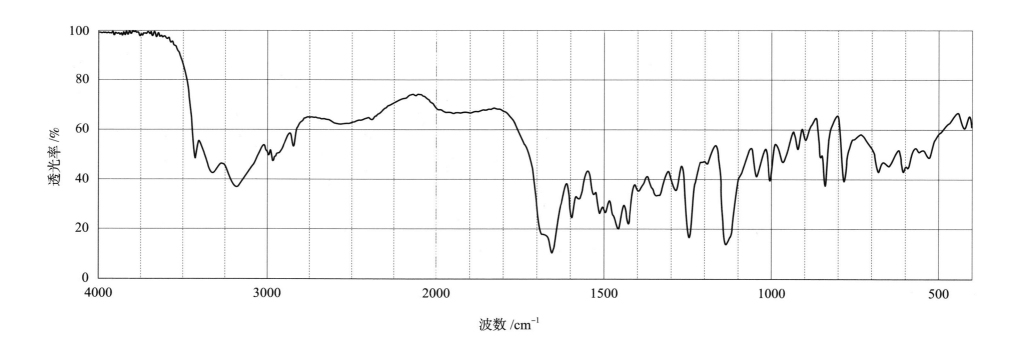

中文名称：乳酸环丙沙星

英文名称：Ciprofloxacin Lactate

分 子 式：$C_{17}H_{18}FN_3O_3 \cdot C_3H_6O_3$

仪器类型：傅立叶

试样制备：KBr 压片法

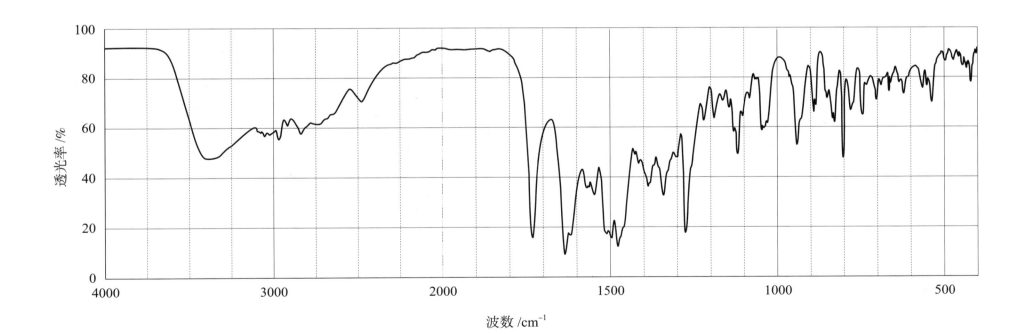

波数 /cm^{-1}

中文名称：乳酸依沙吖啶

英文名称：Ethacridine Lactate

分　子　式：$C_{15}H_{15}N_3O \cdot C_3H_6O_3 \cdot H_2O$

仪器类型：傅立叶

试样制备：KBr 压片法

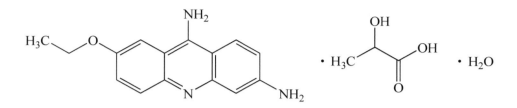

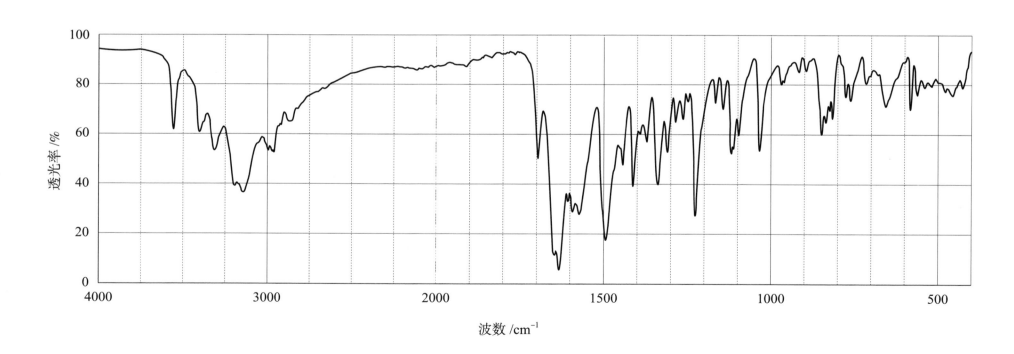

波数 /cm^{-1}

中文名称：乳酸诺氟沙星

英文名称：Norfloxacin Lactate

分　子　式：$C_{16}H_{18}FN_3O_3 \cdot C_3H_6O_3$

仪器类型：傅立叶

试样制备：KBr 压片法

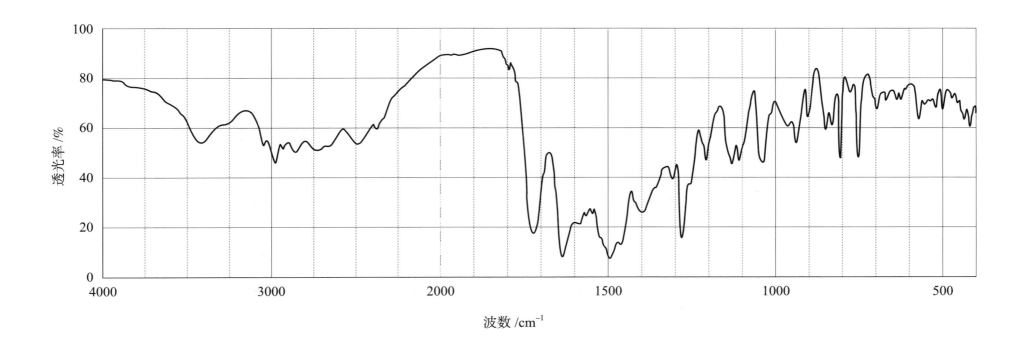

透光率 /%

波数 /cm⁻¹

中文名称：乳糖

英文名称：Lactose

分　子　式：$C_{12}H_{22}O_{11} \cdot H_2O$

仪器类型：光栅

试样制备：KBr 压片法

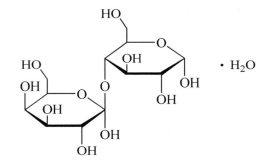

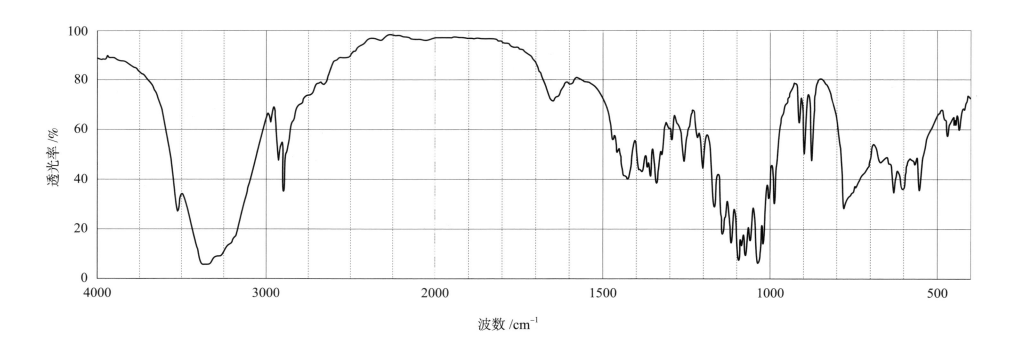

中文名称：乳糖酸红霉素

英文名称：Erythromycin Lactobionate

分 子 式：$C_{37}H_{67}NO_{13} \cdot C_{12}H_{22}O_{12}$

仪器类型：光栅

试样制备：KBr 压片法

备　　注：取供试品适量，加少量无
水乙醇溶解，置水浴上蒸
干，减压干燥后测定。

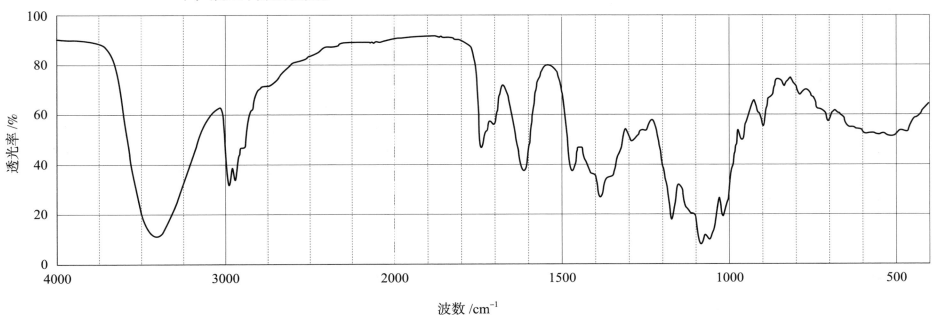

中文名称：单硫酸卡那霉素

英文名称：Kanamycin Monosulfate

分 子 式：$C_{18}H_{36}N_4O_{11} \cdot H_2SO_4$

仪器类型：傅立叶

试样制备：KBr 压片法

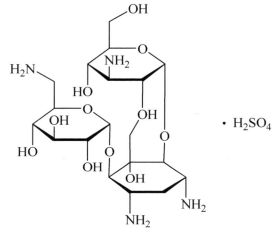

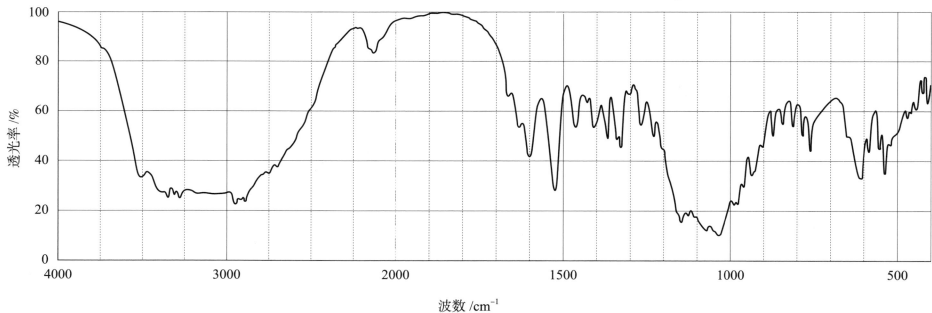

波数 /cm⁻¹

中文名称：枸橼酸乙胺嗪

英文名称：Diethylcarbamazine Citrate

分 子 式：$C_{10}H_{21}N_3O \cdot C_6H_8O_7$

仪器类型：光栅

试样制备：KBr 压片法

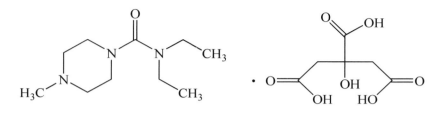

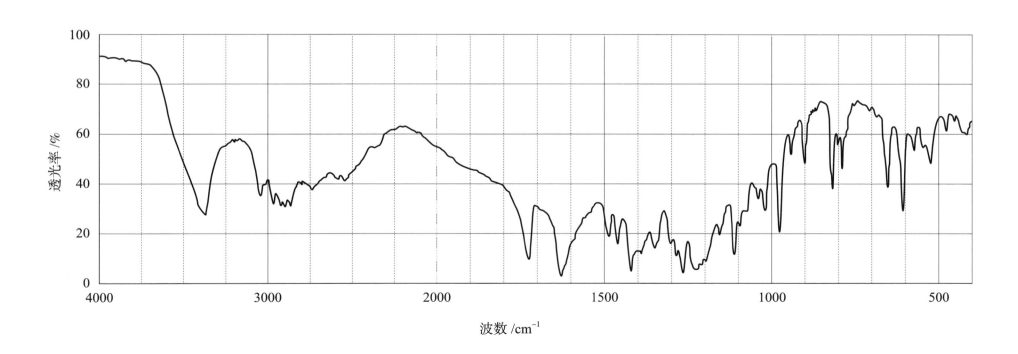

波数 /cm⁻¹

中文名称：氟甲喹

英文名称：Flumequine

分　子　式：$C_{14}H_{12}FNO_3$

仪器类型：傅立叶

试样制备：KBr 压片法

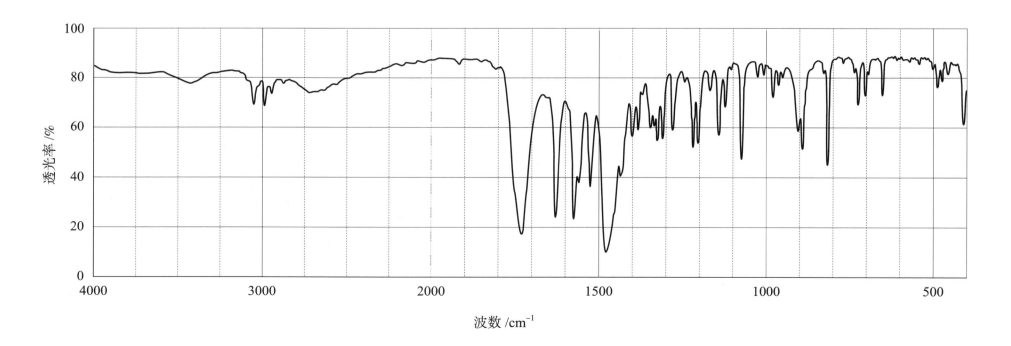

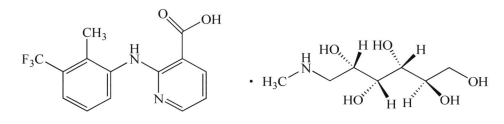

中文名称：氟尼辛葡甲胺

英文名称：Flunixin Meglumine

分 子 式：$C_{14}H_{11}F_3N_2O_2 \cdot C_7H_{17}NO_5$

仪器类型：傅立叶

试样制备：KBr 压片法

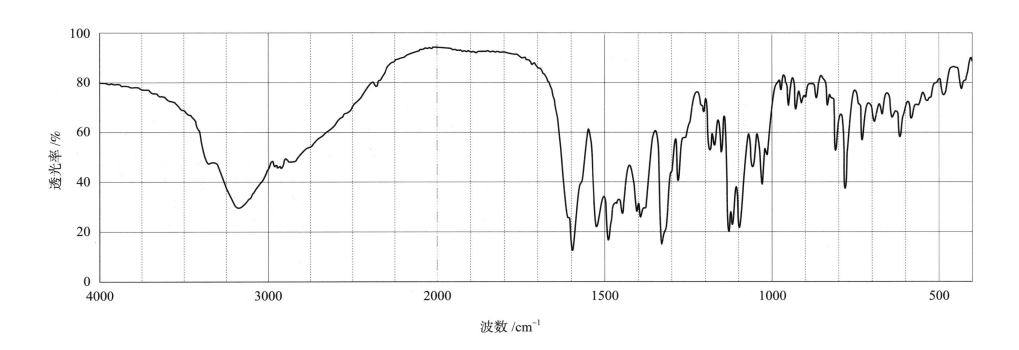

中文名称：氟苯尼考

英文名称：Florfenicol

分 子 式：C₁₂H₁₄Cl₂FNO₄S

仪器类型：傅立叶

试样制备：KBr 压片法

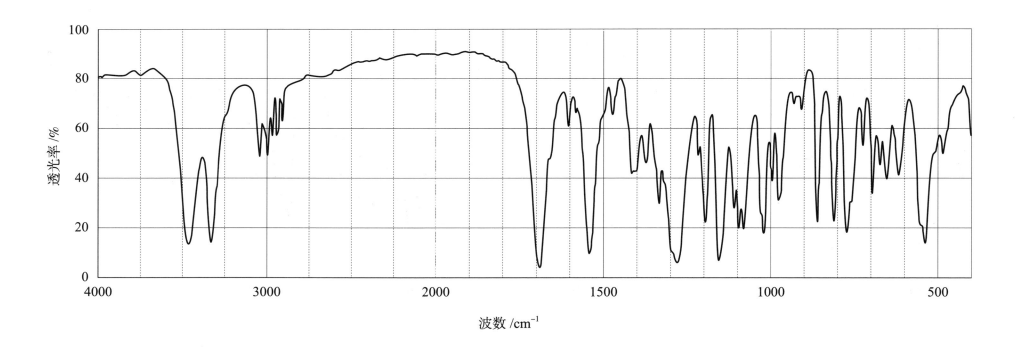

中文名称：氢化可的松

英文名称：Hydrocortisone

分　子　式：C$_{21}$H$_{30}$O$_5$

仪器类型：光栅

试样制备：KBr 压片法

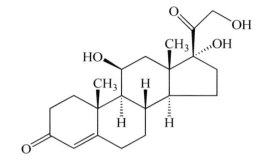

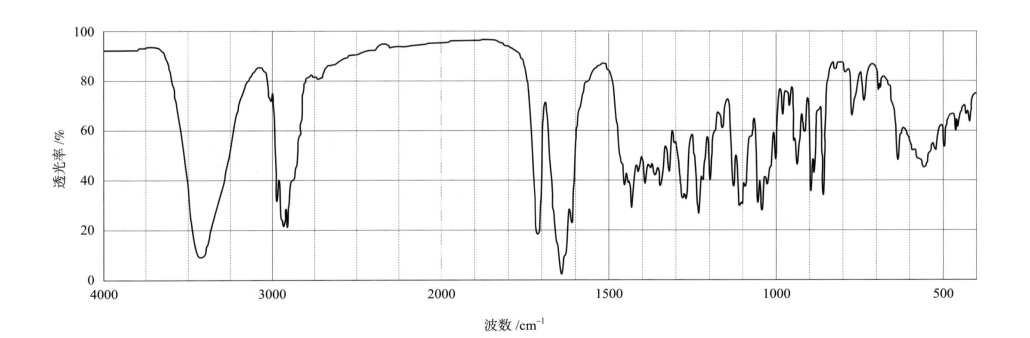

中文名称：氢氯噻嗪

英文名称：Hydrochlorothiazide

分 子 式：$C_7H_8ClN_3O_4S_2$

仪器类型：光栅

试样制备：KBr 压片法

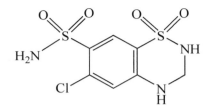

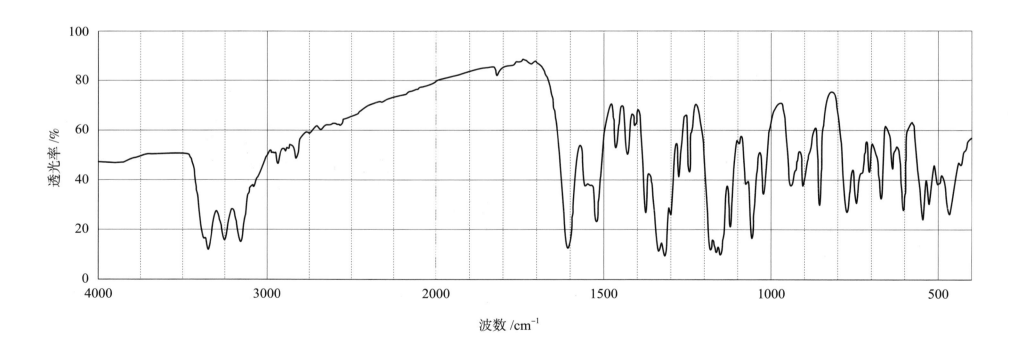

中文名称：氢溴酸东莨菪碱

英文名称：Scopolamine Hydrobromide

分 子 式：$C_{17}H_{21}NO_4 \cdot HBr \cdot 3H_2O$

仪器类型：光栅

试样制备：KBr 压片法

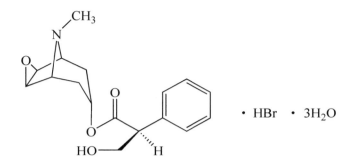

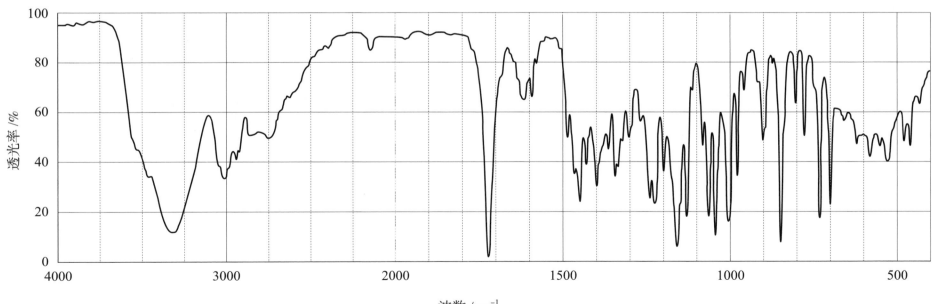

波数 /cm^{-1}

透光率 /%

中文名称：度米芬

英文名称：Domiphen Bromide

分 子 式：C$_{22}$H$_{40}$BrNO·H$_2$O

仪器类型：傅立叶

试样制备：KBr 压片法

备　　注：80℃干燥 1 小时后测定。

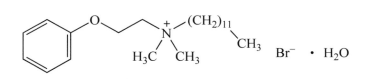

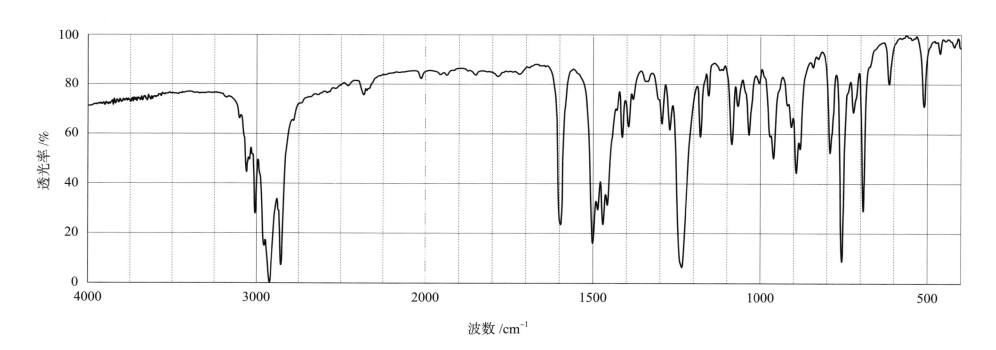

中文名称：洛克沙肿

英文名称：Roxarsone

分 子 式：C$_6$H$_6$AsNO$_6$

仪器类型：傅立叶

试样制备：KBr 压片法

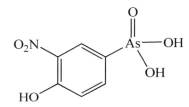

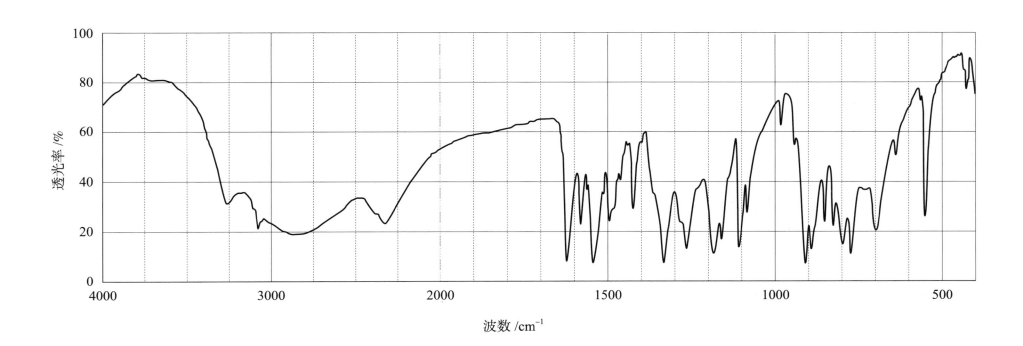

中文名称：癸氧喹酯（地考喹酯）

英文名称：Decoquinate

分 子 式：C$_{24}$H$_{35}$NO$_5$

仪器类型：傅立叶

试样制备：KBr 压片法

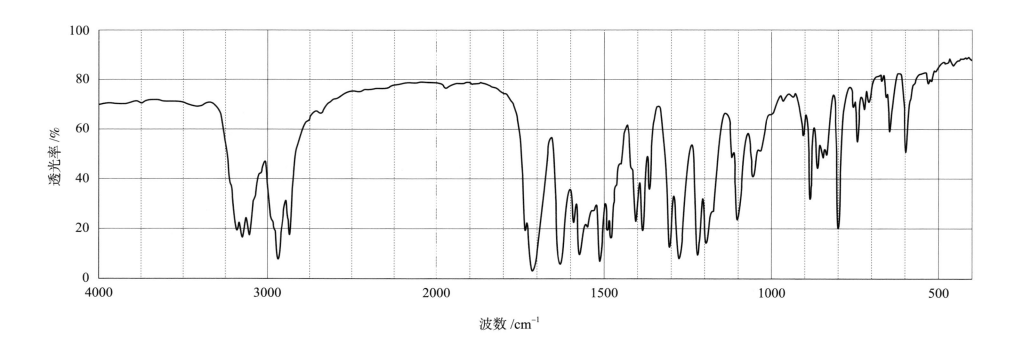

中文名称：泰地罗新（I型）

英文名称：Tildipirosin (polymorph I)

分 子 式：$C_{41}H_{71}N_3O_8$

仪器类型：傅立叶

试样制备：KBr 压片法

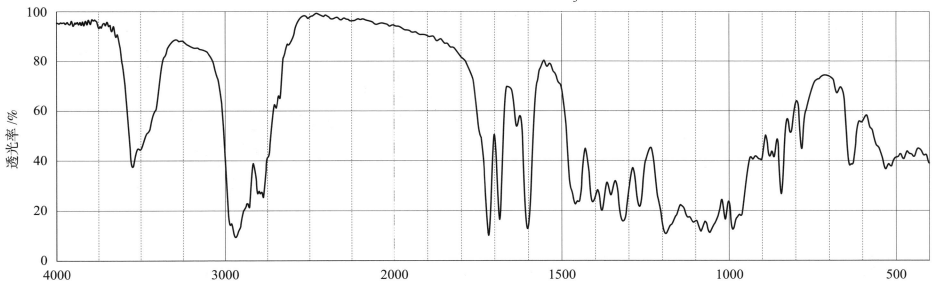

中文名称：泰地罗新（无定型）

英文名称：Tildipirosin (Amorphous)

分 子 式：$C_{41}H_{71}N_3O_8$

仪器类型：傅立叶

试样制备：KBr 压片法

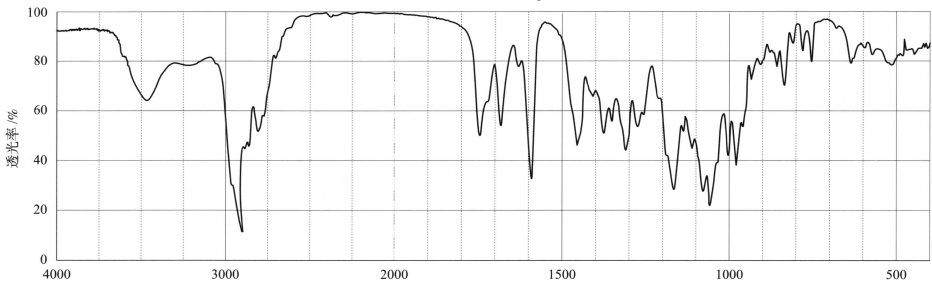

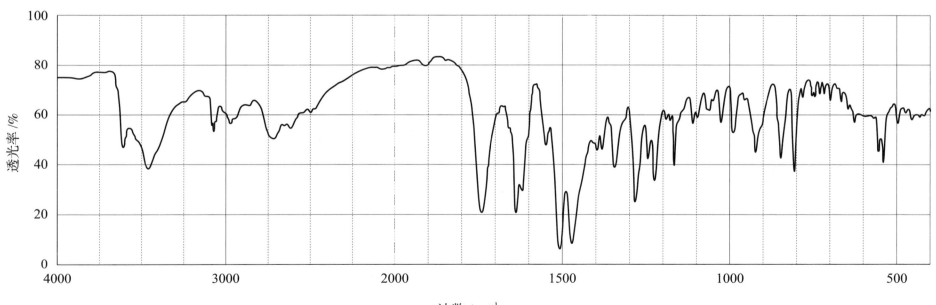

中文名称：盐酸二氟沙星

英文名称：Difloxacin Hydrochloride

分 子 式：C$_{21}$H$_{19}$F$_2$N$_3$O$_3$·HCl

仪器类型：傅立叶

试样制备：KBr 压片法

· HCl

透光率 /%

波数 /cm^{-1}

中文名称：盐酸丁卡因

英文名称：Tetracaine Hydrochloride

分 子 式：C$_{15}$H$_{24}$N$_2$O$_2$・HCl

仪器类型：光栅

试样制备：KCl 压片法

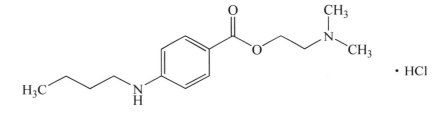

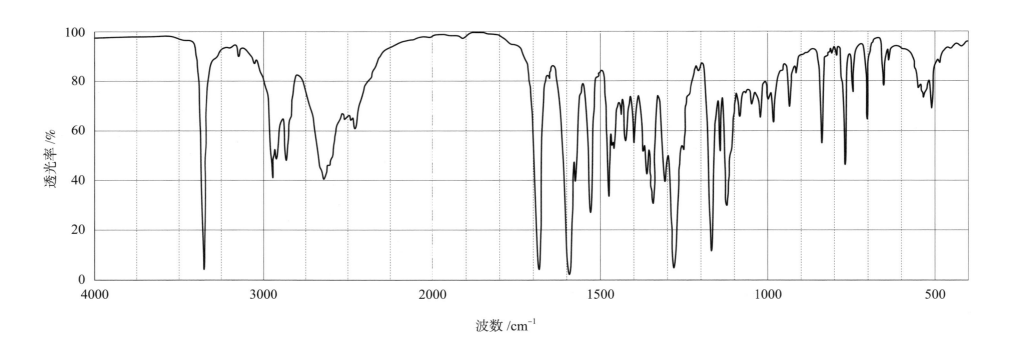

波数 /cm^{-1}

中文名称：盐酸大观霉素

英文名称：Spectinomycin Hydrochloride

分 子 式：$C_{14}H_{24}N_2O_7 \cdot 2HCl \cdot 5H_2O$

仪器类型：光栅

试样制备：KBr 压片法

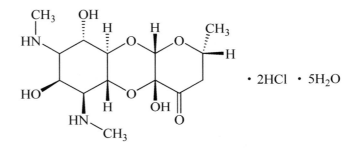

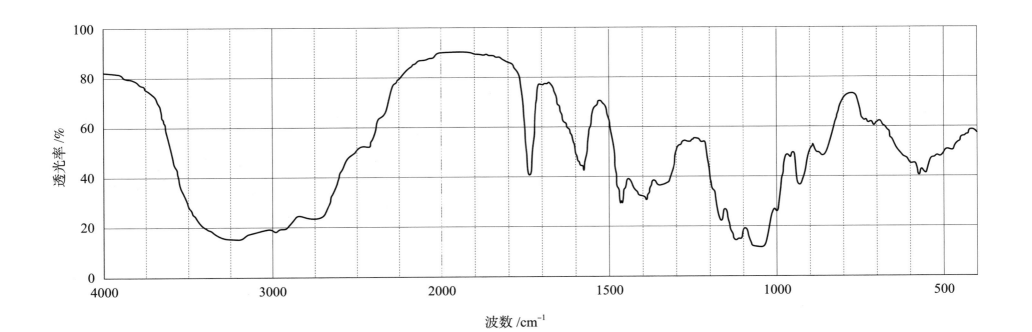

中文名称：盐酸大观霉素

英文名称：Spectinomycin Hydrochloride

分 子 式：$C_{14}H_{24}N_2O_7 \cdot 2HCl \cdot 5H_2O$

仪器类型：傅立叶

试样制备：KBr 压片法

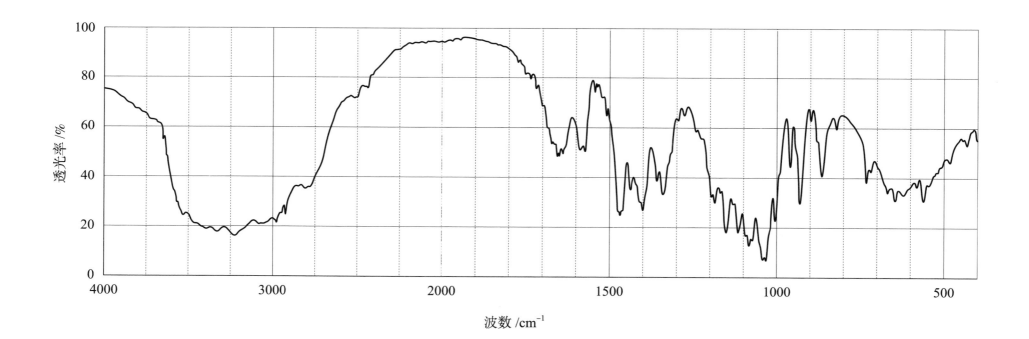

中文名称：盐酸小檗碱

英文名称：Berberine Hydrochloride

分 子 式：C$_{20}$H$_{18}$ClNO$_4$ · 2H$_2$O

仪器类型：光栅

试样制备：KCl 压片法

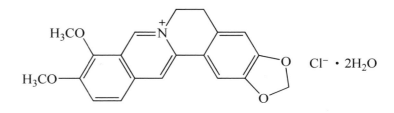

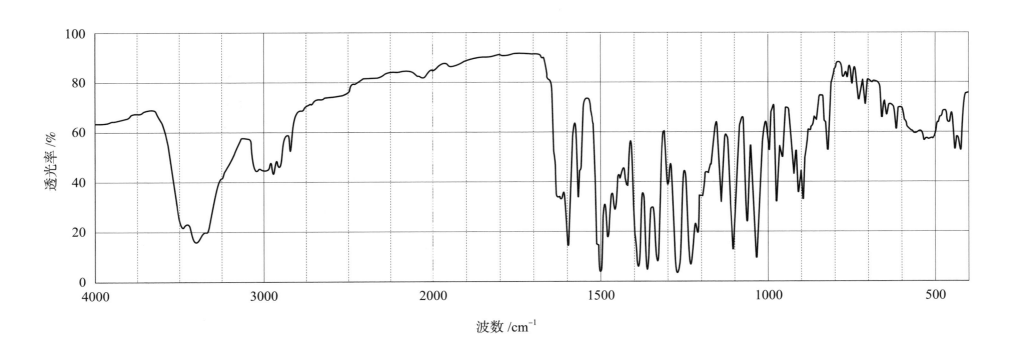

中文名称：盐酸左旋咪唑

英文名称：Levamisole Hydrochloride

分 子 式：$C_{11}H_{12}N_2S \cdot HCl$

仪器类型：光栅

试样制备：KCl 压片法

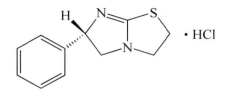

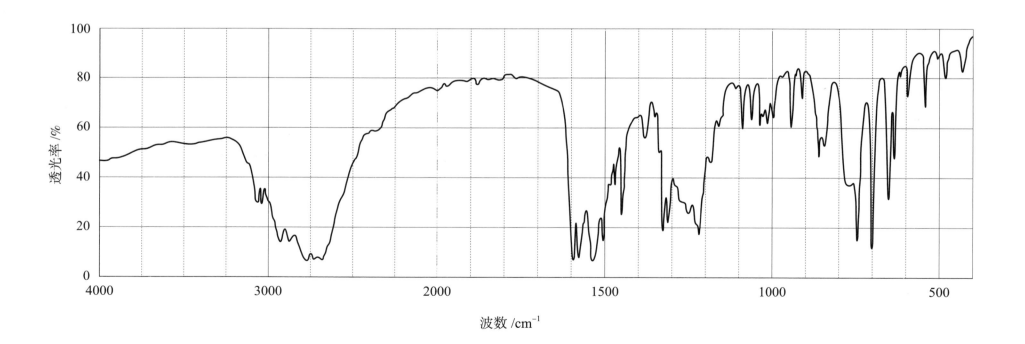

波数 /cm^{-1}

中文名称：盐酸四环素

英文名称：Tetracycline Hydrochloride

分 子 式：$C_{22}H_{24}N_2O_8 \cdot HCl$

仪器类型：光栅

试样制备：KCl 压片法

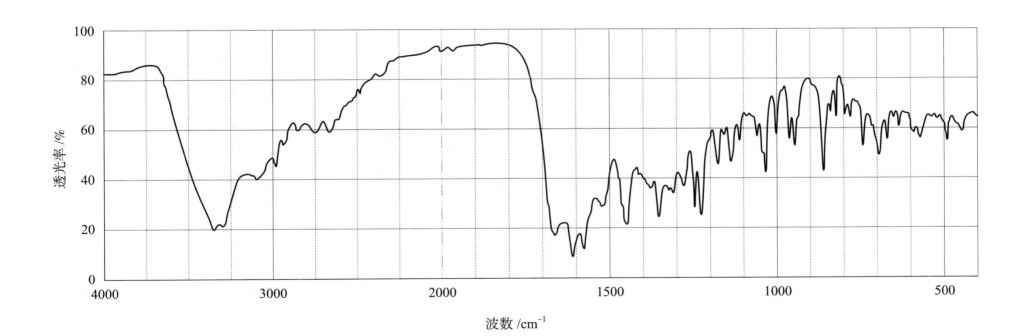

中文名称：盐酸头孢噻呋

英文名称：Ceftiofur Hydrochloride

分子式：$C_{19}H_{17}N_5O_7S_3 \cdot HCl$

仪器类型：傅立叶

试样制备：KBr 压片法

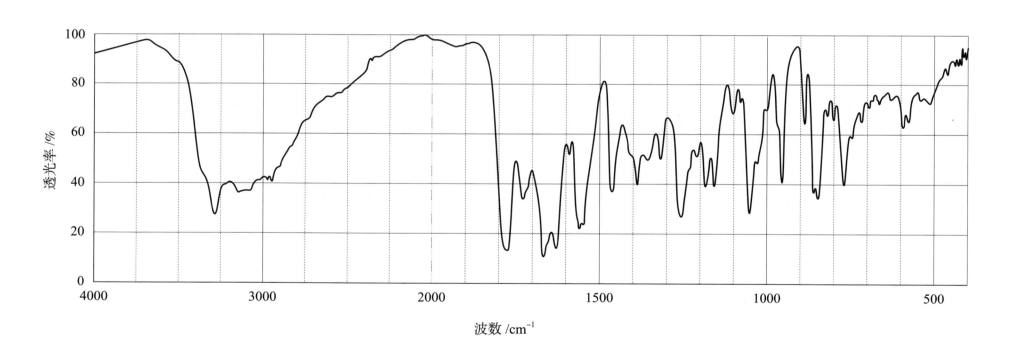

透光率 /%

波数 /cm⁻¹

中文名称：盐酸吗啡

英文名称：Morphine Hydrochloride

分 子 式：C$_{17}$H$_{19}$NO$_3$·HCl·3H$_2$O

仪器类型：光栅

试样制备：KCl 压片法

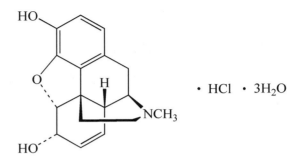

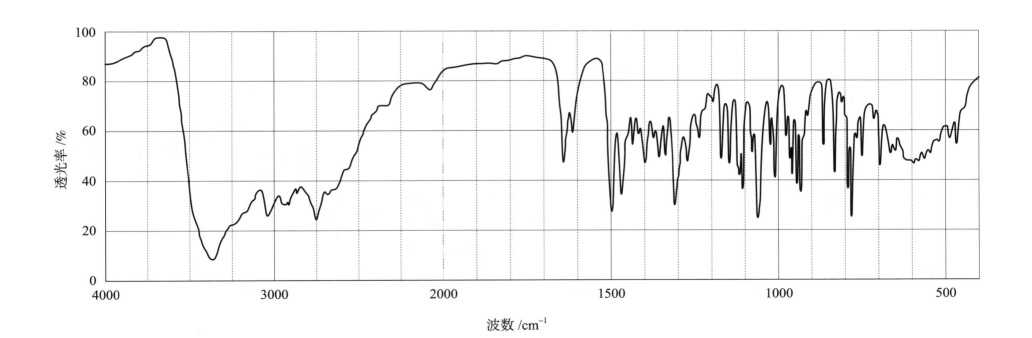

波数 /cm^{-1}

中文名称：盐酸多西环素

英文名称：Doxycycline Hyclate

分 子 式：$C_{22}H_{24}N_2O_8 \cdot HCl \cdot \frac{1}{2}C_2H_5OH \cdot \frac{1}{2}H_2O$

仪器类型：光栅

试样制备：KCl 压片法

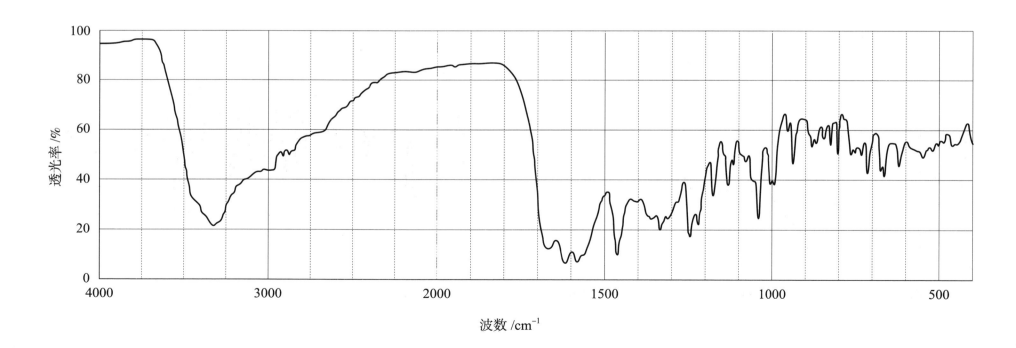

$\cdot HCl \cdot \frac{1}{2}C_2H_5OH \cdot \frac{1}{2}H_2O$

中文名称：盐酸多西环素

英文名称：Doxycycline Hyclate

分 子 式：$C_{22}H_{24}N_2O_8 \cdot HCl \cdot \frac{1}{2}C_2H_5OH \cdot \frac{1}{2}H_2O$

仪器类型：傅立叶

试样制备：KCl 压片法

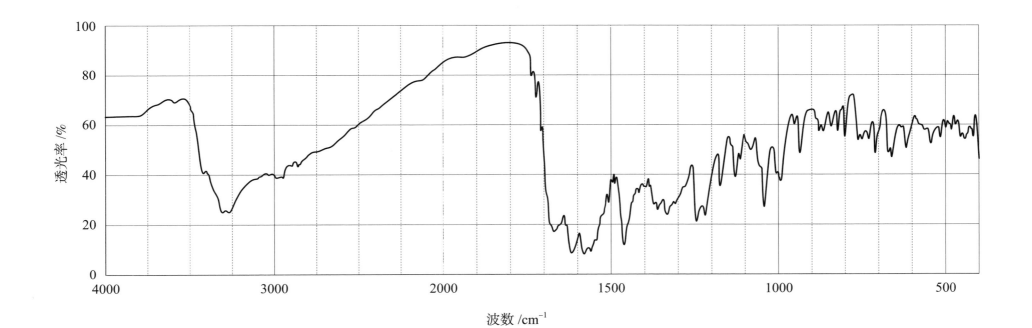

$\cdot HCl \cdot \frac{1}{2}C_2H_5OH \cdot \frac{1}{2}H_2O$

中文名称：盐酸异丙嗪

英文名称：Promethazine Hydrochloride

分　子　式：$C_{17}H_{20}N_2S \cdot HCl$

仪器类型：光栅

试样制备：KCl 压片法

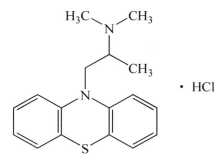

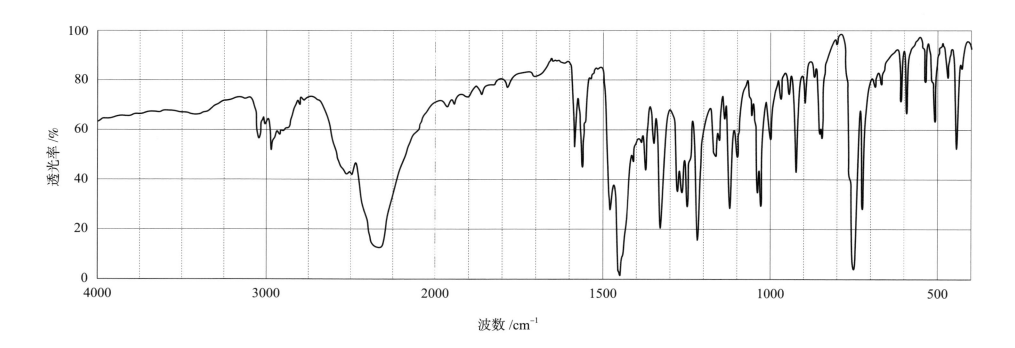

中文名称：盐酸吡利霉素

英文名称：Pirlimycin Hydrochloride

分 子 式：$C_{17}H_{31}ClN_2O_5S \cdot HCl \cdot H_2O$

仪器类型：傅立叶

试样制备：KCl 压片法

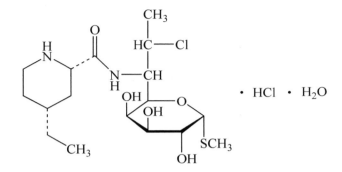

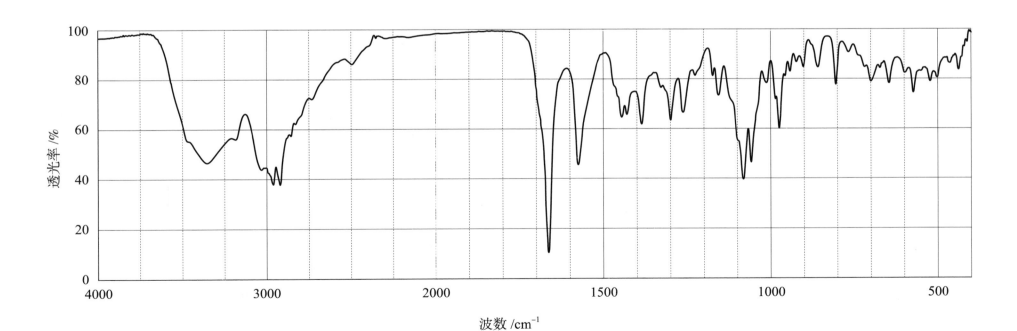

波数 /cm⁻¹

中文名称：盐酸利多卡因

英文名称：Lidocaine Hydrochloride

分 子 式：$C_{14}H_{22}N_2O \cdot HCl \cdot H_2O$

仪器类型：光栅

试样制备：KCl 压片法

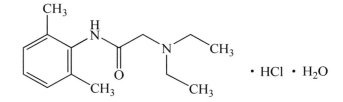

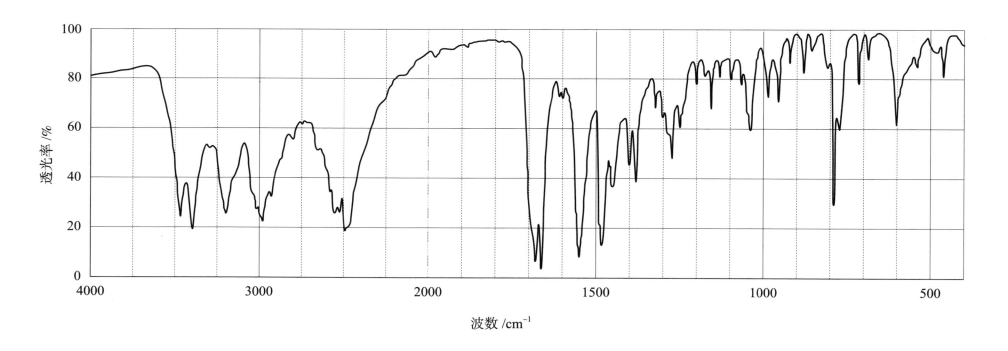

中文名称：盐酸苯海拉明

英文名称：Diphenhydramine Hydrochloride

分 子 式：$C_{17}H_{21}NO \cdot HCl$

仪器类型：光栅

试样制备：KCl 压片法

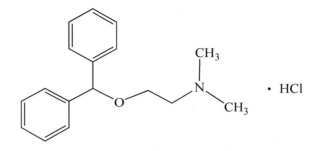

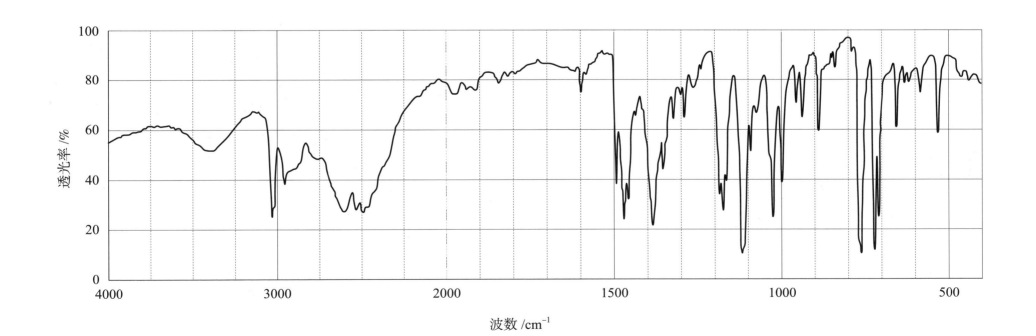

透光率 /% （纵轴）

波数 /cm⁻¹

中文名称：盐酸沙拉沙星

英文名称：Sarafloxacin Hydrochloride

分 子 式：$C_{20}H_{17}F_2N_3O_3 \cdot HCl$

仪器类型：傅立叶

试样制备：KCl 压片法

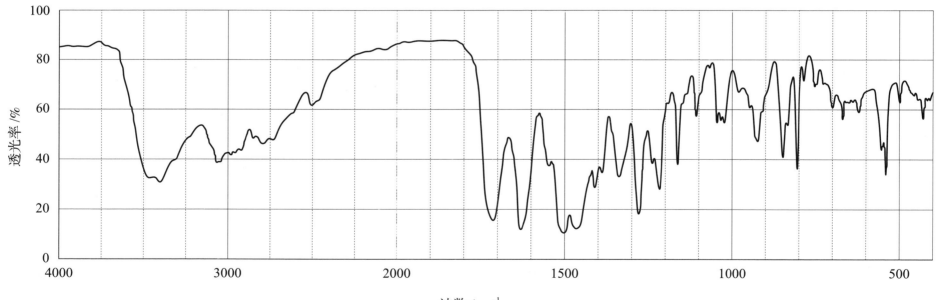

中文名称：盐酸沃尼妙林

英文名称：Valnemulin Hydrochloride

分 子 式：C$_{31}$H$_{52}$N$_2$O$_5$S · HCl

仪器类型：傅立叶

试样制备：KCl 压片法

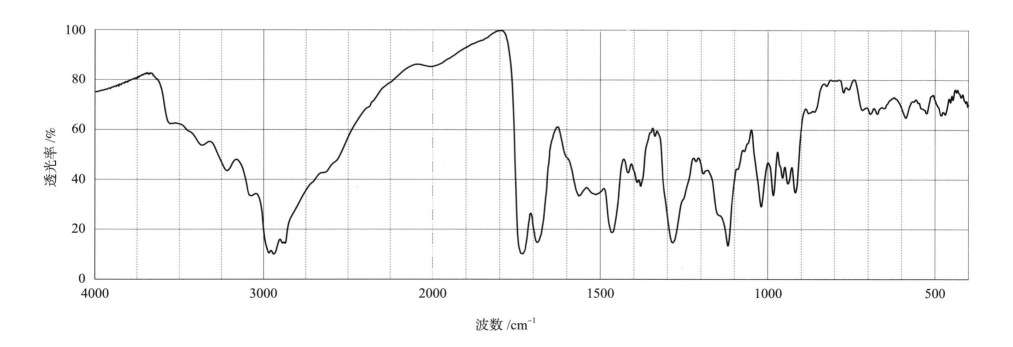

中文名称：盐酸环丙沙星

英文名称：Ciprofloxacin Hydrochloride

分 子 式：$C_{17}H_{18}FN_3O_3 \cdot HCl \cdot H_2O$

仪器类型：光栅

试样制备：KCl 压片法

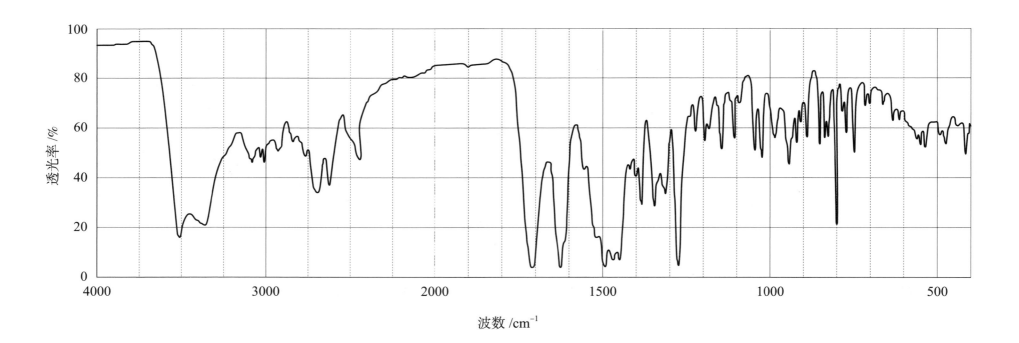

中文名称：盐酸环丙沙星

英文名称：Ciprofloxacin Hydrochloride

分　子　式：$C_{17}H_{18}FN_3O_3 \cdot HCl \cdot H_2O$

仪器类型：傅立叶

试样制备：KBr 压片法

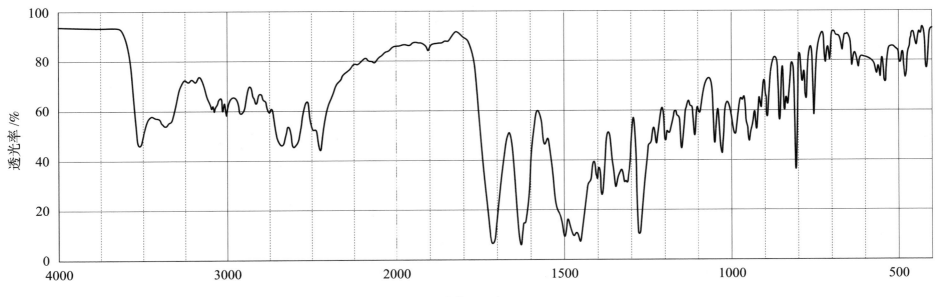

中文名称：盐酸苯噁唑

英文名称：Idazoxan Hydrochloride

分 子 式：C$_{11}$H$_{12}$N$_2$O$_2$·HCl

仪器类型：傅立叶

试样制备：KCl 压片法

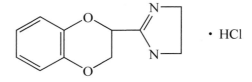

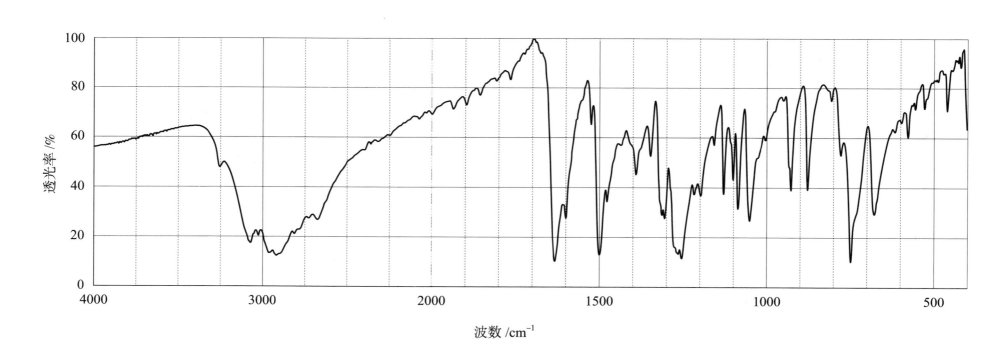

波数 /cm^{-1}

中文名称：盐酸林可霉素

英文名称：Lincomycin Hydrochloride

分 子 式：$C_{18}H_{34}N_2O_6S \cdot HCl \cdot H_2O$

仪器类型：傅立叶

试样制备：KBr 压片法

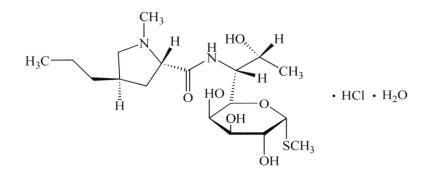

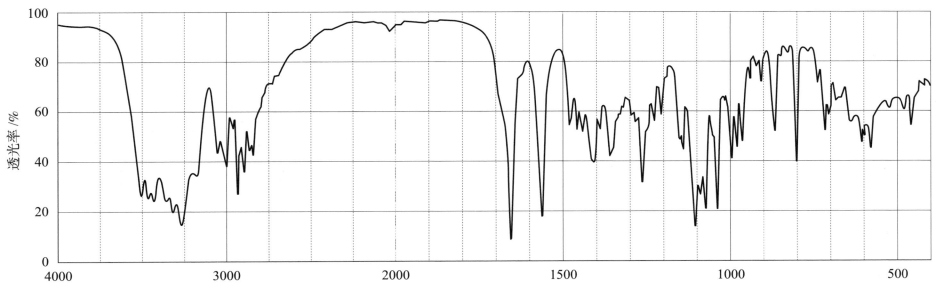

中文名称：盐酸金霉素

英文名称：Chlortetracycline Hydrochloride

分 子 式：$C_{22}H_{23}ClN_2O_8 \cdot HCl$

仪器类型：光栅

试样制备：KCl 压片法

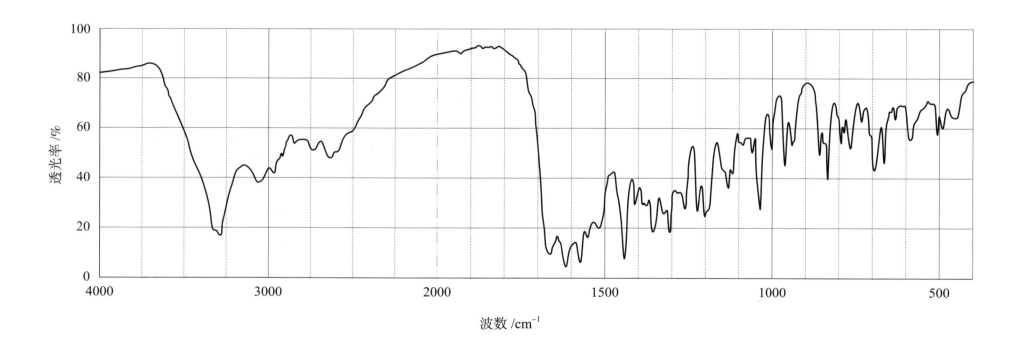

中文名称：盐酸金霉素

英文名称：Chlortetracycline Hydrochloride

分 子 式：C$_{22}$H$_{23}$ClN$_2$O$_8$ · HCl

仪器类型：傅立叶

试样制备：KCl 压片法

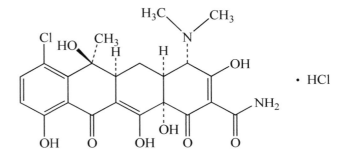

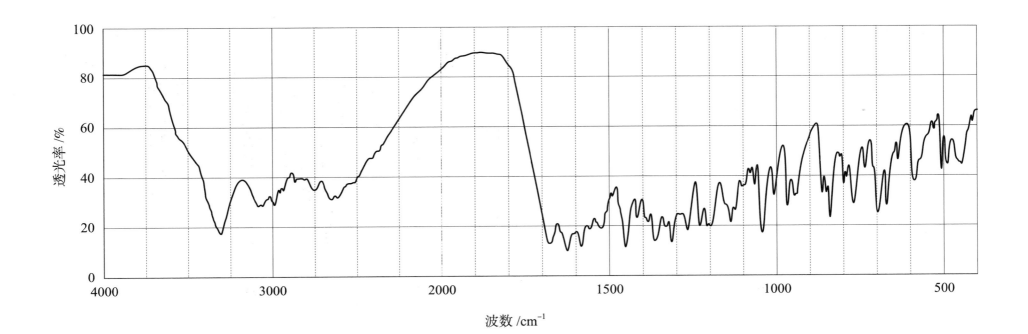

中文名称：盐酸哌替啶

英文名称：Pethidine Hydrochloride

分 子 式：$C_{15}H_{21}NO_2 \cdot HCl$

仪器类型：光栅

试样制备：KCl 压片法

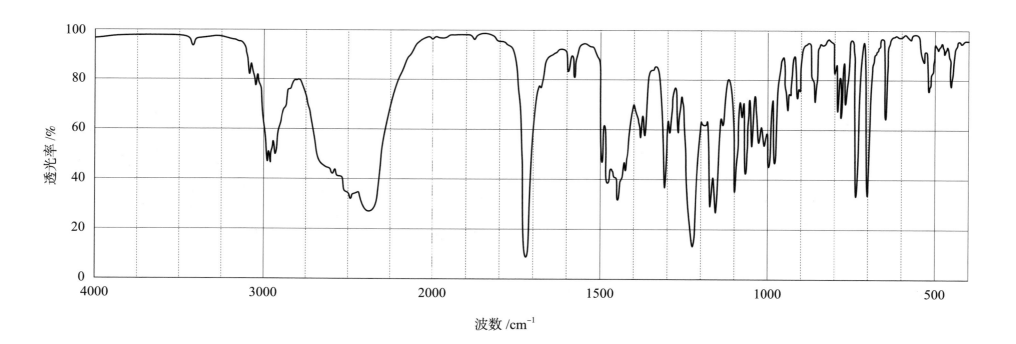

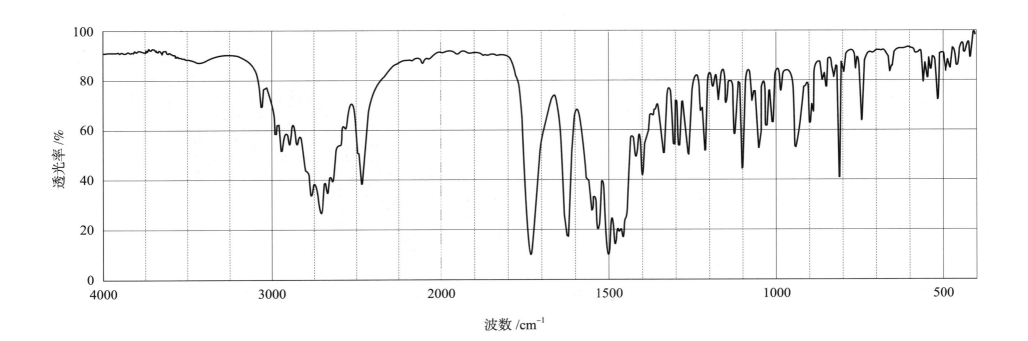

中文名称：盐酸洛美沙星

英文名称：Lomefloxacin Hydrochloride

分　子　式：$C_{17}H_{19}F_2N_3O_3 \cdot HCl$

仪器类型：傅立叶

试样制备：KBr 压片法

透光率 /%

波数 /cm⁻¹

中文名称：盐酸恩诺沙星

英文名称：Enrofloxacin Hydrochloride

分 子 式：$C_{19}H_{22}FN_3O_3 \cdot HCl$

仪器类型：傅立叶

试样制备：KBr 压片法

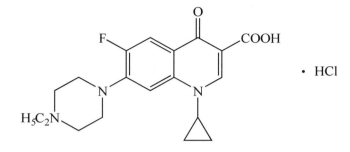

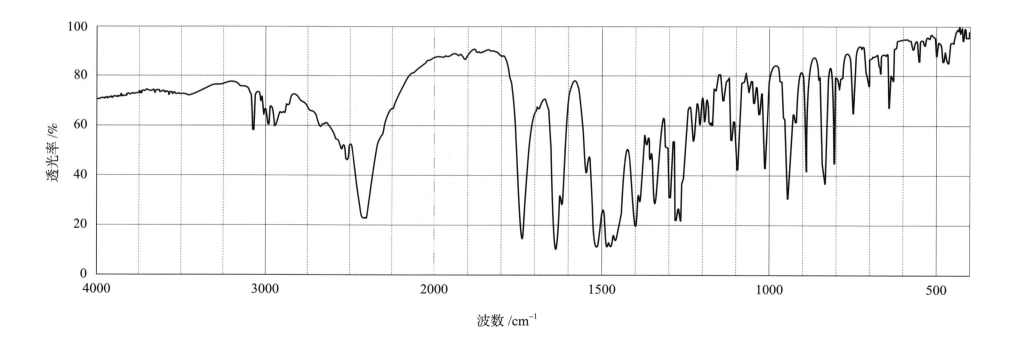

中文名称：盐酸氨丙啉

英文名称：Amprolium Hydrochloride

分 子 式：C₁₄H₁₉ClN₄·HCl

仪器类型：光栅

试样制备：KBr 压片法

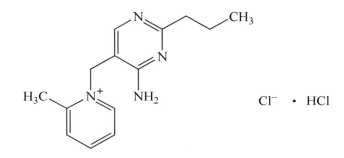

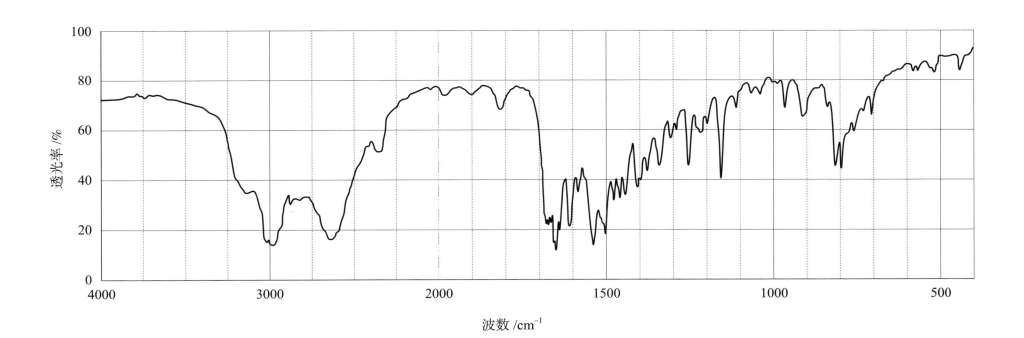

中文名称：盐酸氨丙啉

英文名称：Amprolium Hydrochloride

分 子 式：$C_{14}H_{19}ClN_4 \cdot HCl$

仪器类型：傅立叶

试样制备：KCl 压片法

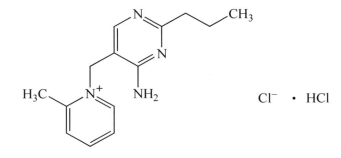

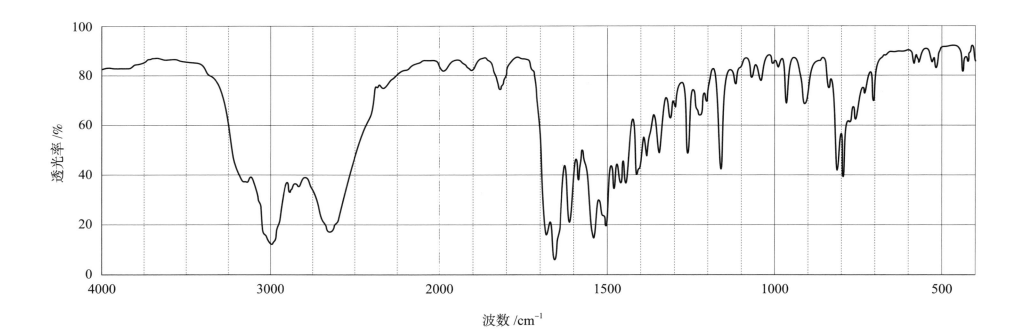

中文名称：盐酸诺氟沙星

英文名称：Norfloxacin Hydrochloride

分 子 式：$C_{16}H_{18}FN_3O_3 \cdot HCl$

仪器类型：傅立叶

试样制备：KBr 压片法

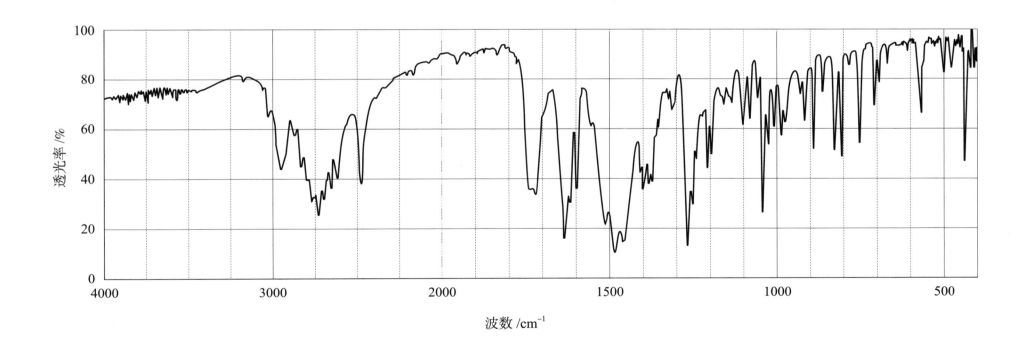

中文名称：盐酸甜菜碱

英文名称：Betaine Hydrochloride

分　子　式：C$_5$H$_{12}$ClNO$_2$

仪器类型：傅立叶

试样制备：KCl 压片法

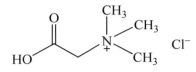

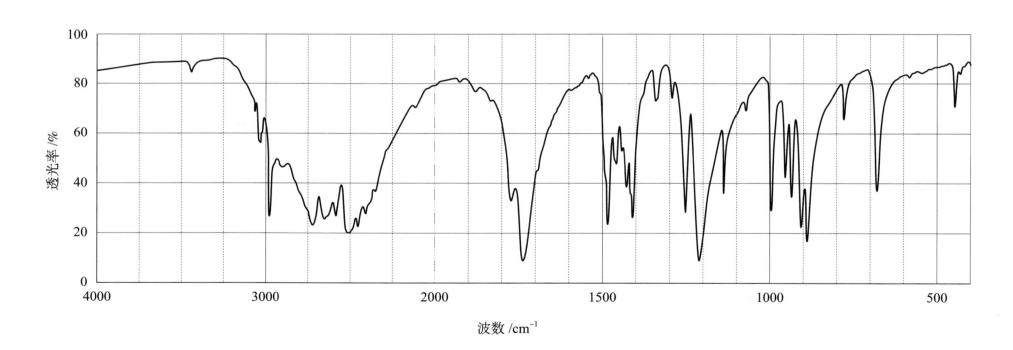

中文名称：盐酸氯丙嗪

英文名称：Chlorpromazine Hydrochloride

分 子 式：C$_{17}$H$_{19}$ClN$_2$S · HCl

仪器类型：光栅

试样制备：KCl 压片法

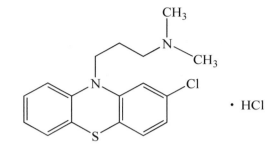

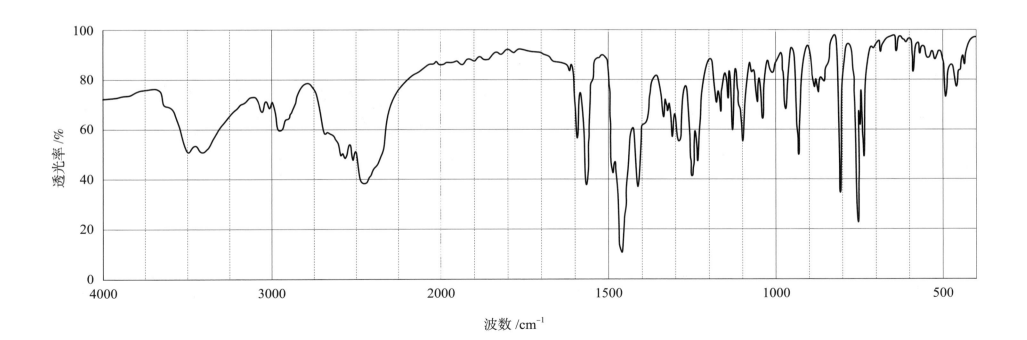

透光率 /%

波数 /cm^{-1}

中文名称：盐酸氯苯胍

英文名称：Robenidine Hydrochloride

分　子　式：C$_{15}$H$_{13}$Cl$_2$N$_5$·HCl

仪器类型：傅立叶

试样制备：KCl 压片法

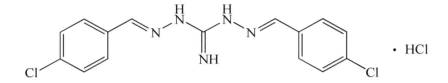

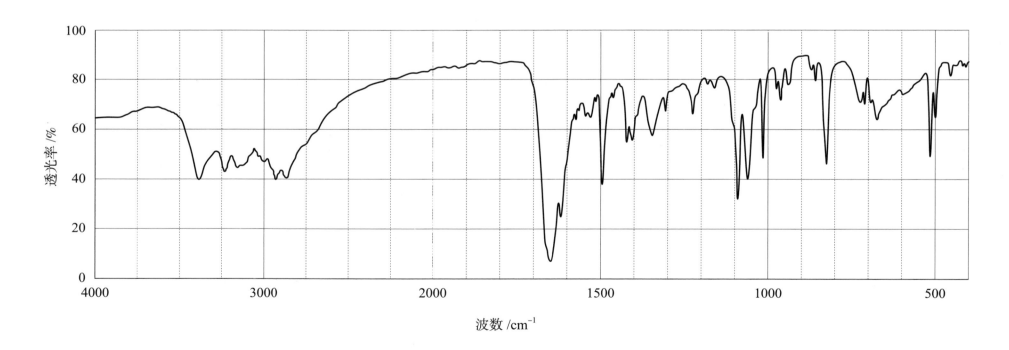

波数 /cm^{-1}

中文名称：盐酸氯胺酮

英文名称：Ketamine Hydrochloride

分 子 式：$C_{13}H_{16}ClNO \cdot HCl$

仪器类型：光栅

试样制备：KCl 压片法

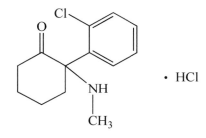

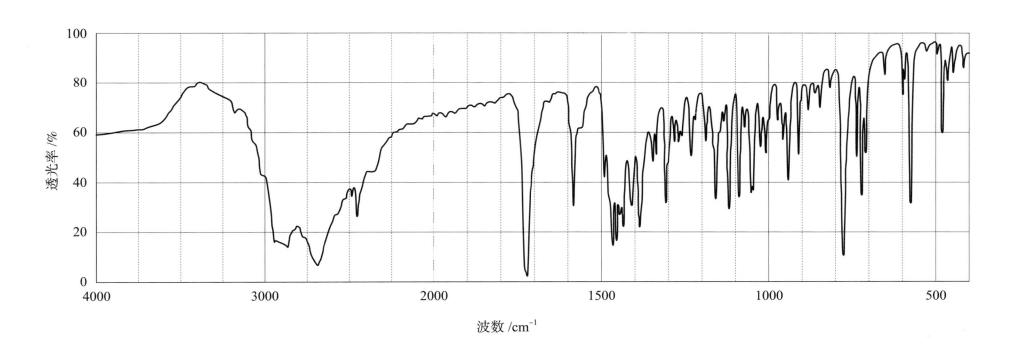

波数 /cm⁻¹

透光率/%

中文名称：盐酸普鲁卡因

英文名称：Procaine Hydrochloride

分 子 式：$C_{13}H_{20}N_2O_2 \cdot HCl$

仪器类型：光栅

试样制备：KCl 压片法

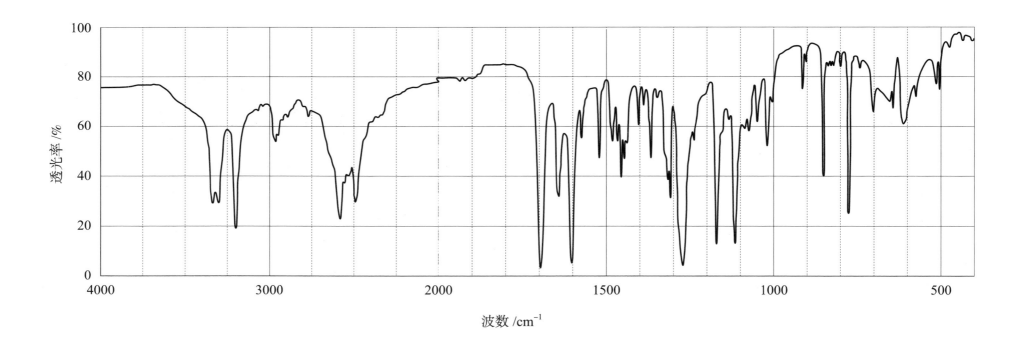

横轴：波数 /cm^{-1}
纵轴：透光率 /%

中文名称：盐酸赛拉嗪

英文名称：Xylazine Hydrochloride

分 子 式：C$_{12}$H$_{16}$N$_2$S・HCl

仪器类型：傅立叶

试样制备：KBr 压片法

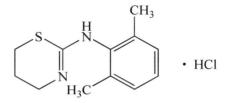

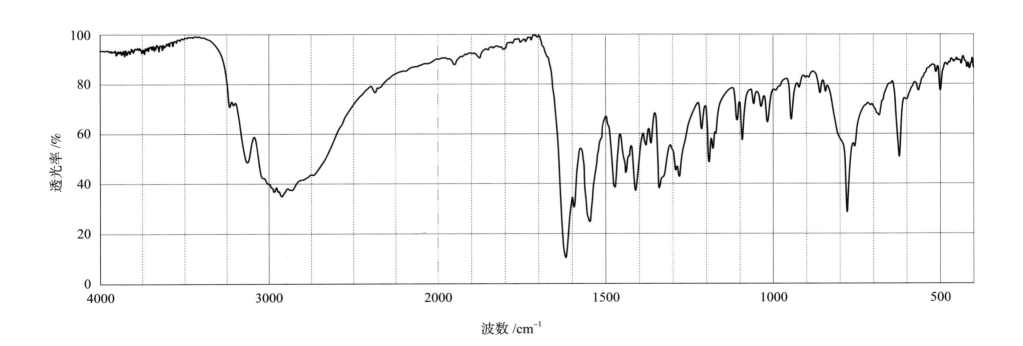

中文名称：盐霉素钠

英文名称：Salinomycin Sodium

分 子 式：$C_{42}H_{69}O_{11}Na$

仪器类型：傅立叶

试样制备：KBr 压片法

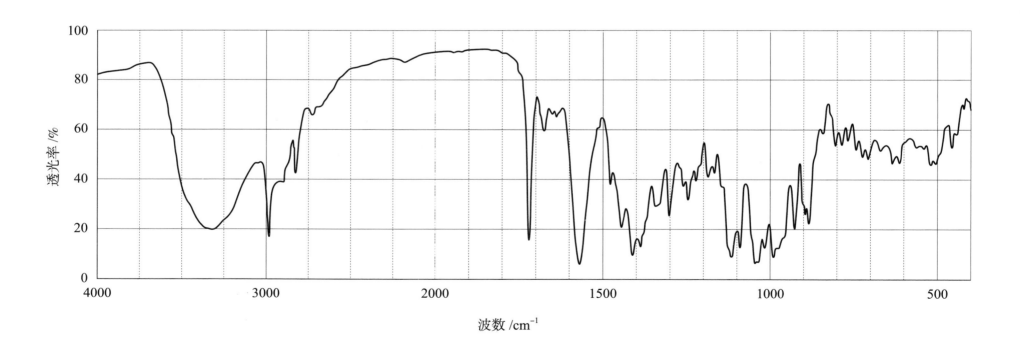

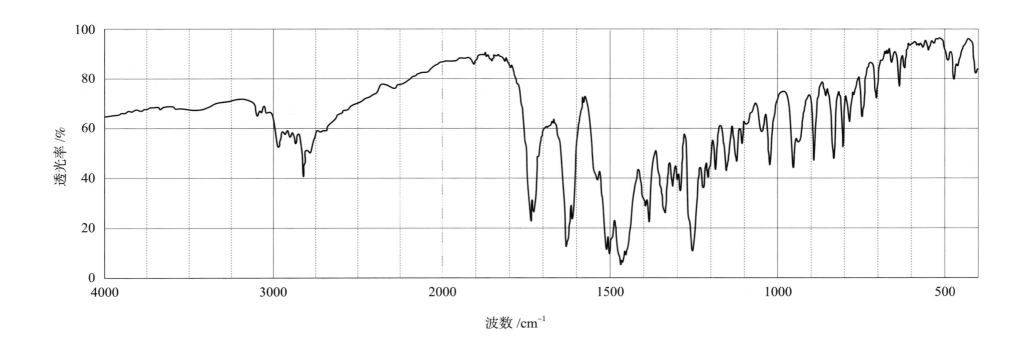

中文名称：恩诺沙星

英文名称：Enrofloxacin

分　子　式：C₁₉H₂₂FN₃O₃

$分　子　式：C_{19}H_{22}FN_3O_3$

仪器类型：光栅

试样制备：KBr 压片法

透光率 /%

波数 /cm^{-1}

中文名称：恩诺沙星

英文名称：Enrofloxacin

分　子　式：C$_{19}$H$_{22}$FN$_3$O$_3$

仪器类型：傅立叶

试样制备：KBr 压片法

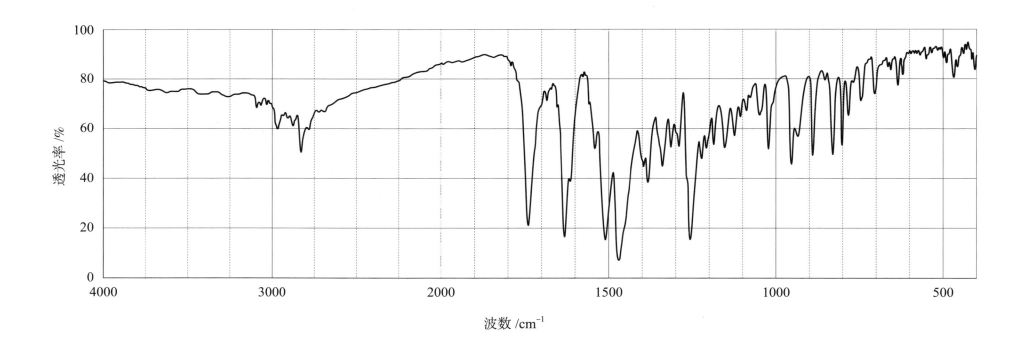

中文名称：氧阿苯达唑

英文名称：Albendazole Oxide

分 子 式：C$_{12}$H$_{15}$N$_3$O$_3$S

仪器类型：傅立叶

试样制备：KBr 压片法

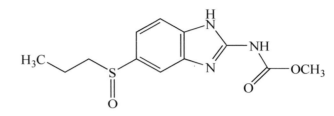

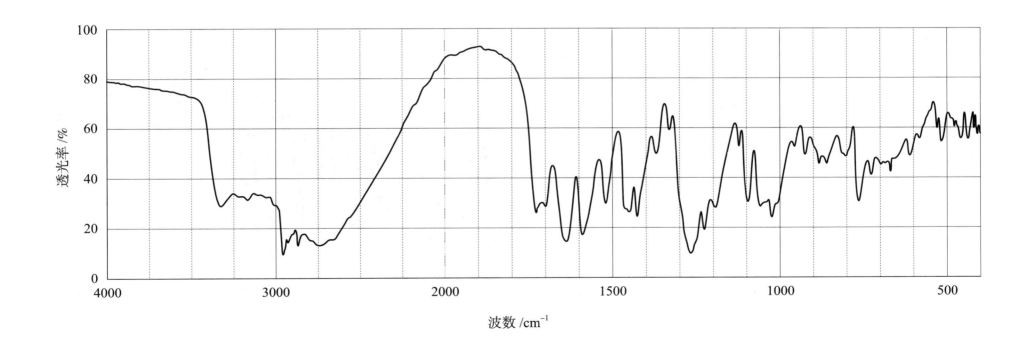

透光率 /%

波数 /cm^{-1}

中文名称：氧氟沙星

英文名称：Ofloxacin

分 子 式：C$_{18}$H$_{20}$FN$_3$O$_4$

仪器类型：傅立叶

试样制备：KBr 压片法

备　　注：样品研磨时间不宜过久。

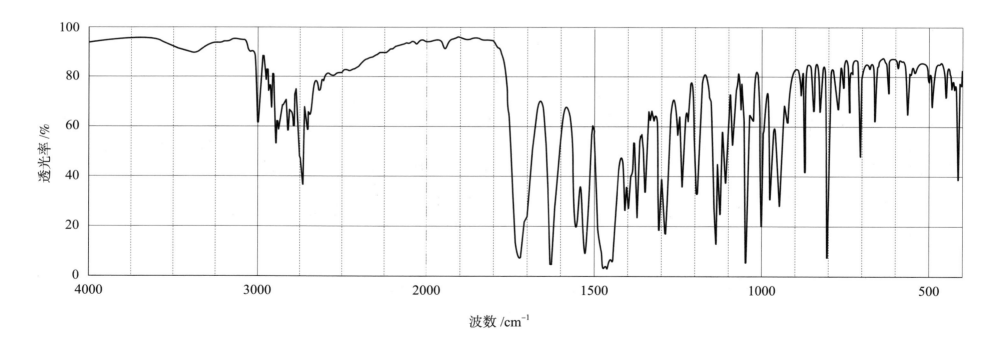

中文名称：氨苄西林

英文名称：Ampicillin

分 子 式：C$_{16}$H$_{19}$N$_3$O$_4$S · 3H$_2$O

仪器类型：光栅

试样制备：KBr 压片法

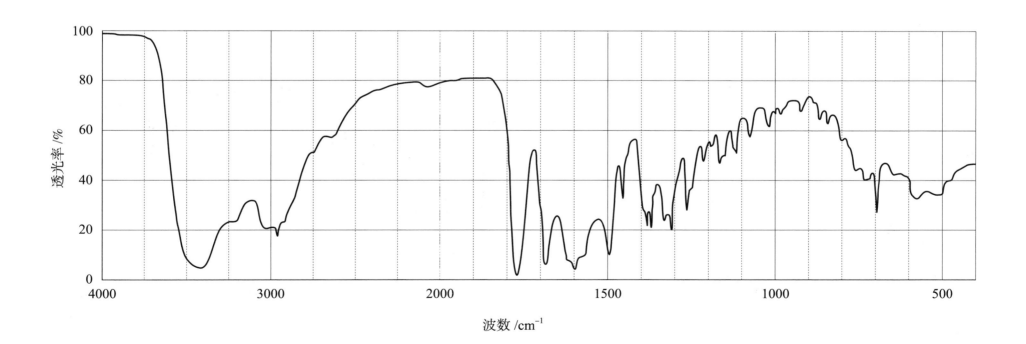

中文名称：氨苄西林钠

英文名称：Ampicillin Sodium

分 子 式：$C_{16}H_{18}N_3NaO_4S$

仪器类型：光栅

试样制备：KBr 压片法

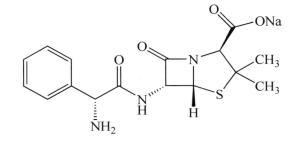

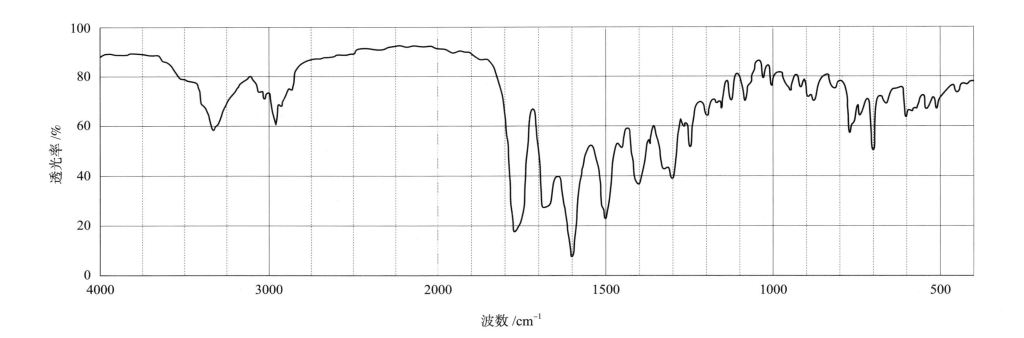

中文名称：氨苄西林钠

英文名称：Ampicillin Sodium

分 子 式：$C_{16}H_{18}N_3NaO_4S$

仪器类型：傅立叶

试样制备：KBr 压片法

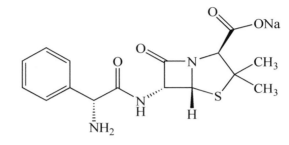

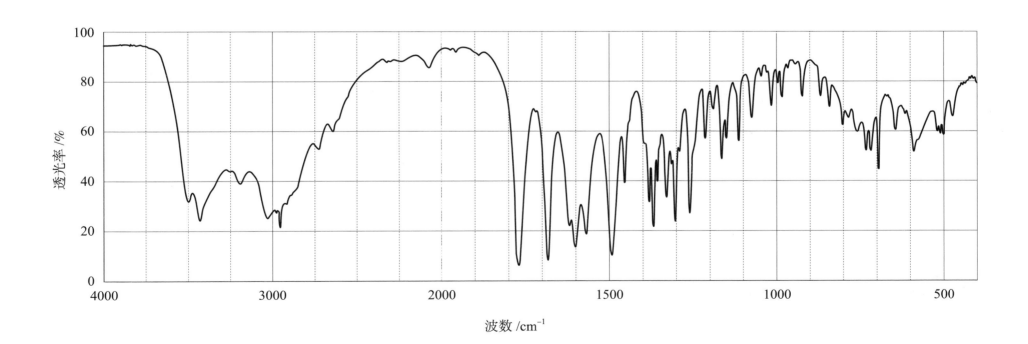

波数 /cm⁻¹

中文名称：氨基比林

英文名称：Aminophenazone

分 子 式：$C_{13}H_{17}N_3O$

仪器类型：傅立叶

试样制备：KBr 压片法

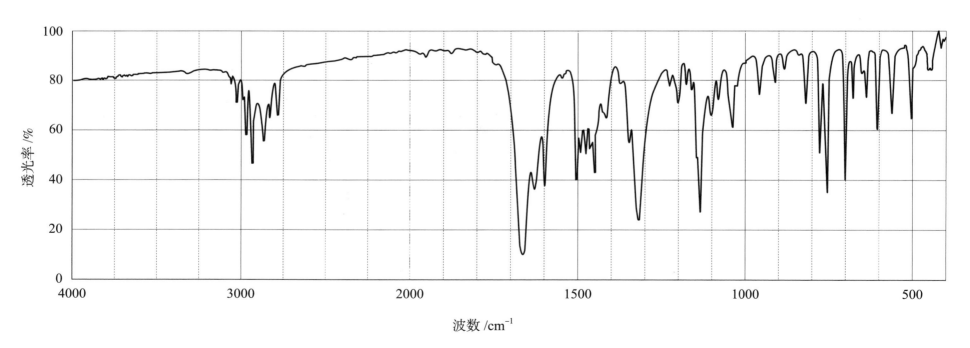

中文名称：倍他米松

英文名称：Betamethasone

分 子 式：$C_{22}H_{29}FO_5$

仪器类型：光栅

试样制备：KBr 压片法

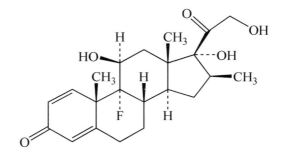

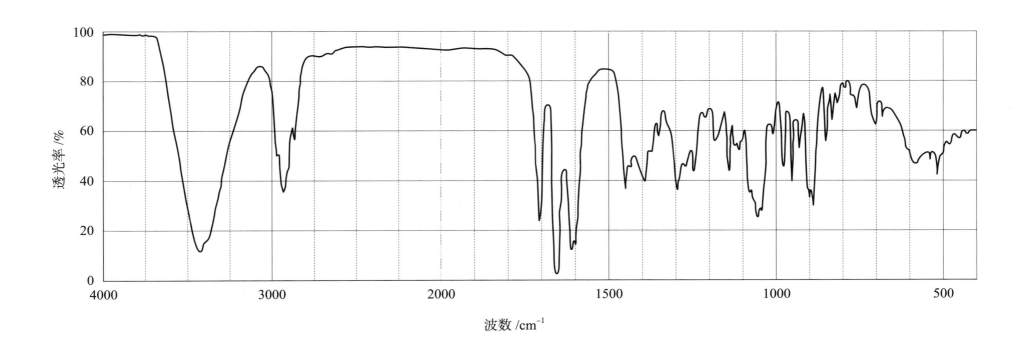

中文名称：烟酰胺

英文名称：Nicotinamide

分 子 式：$C_6H_6N_2O$

仪器类型：光栅

试样制备：KBr 压片法

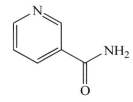

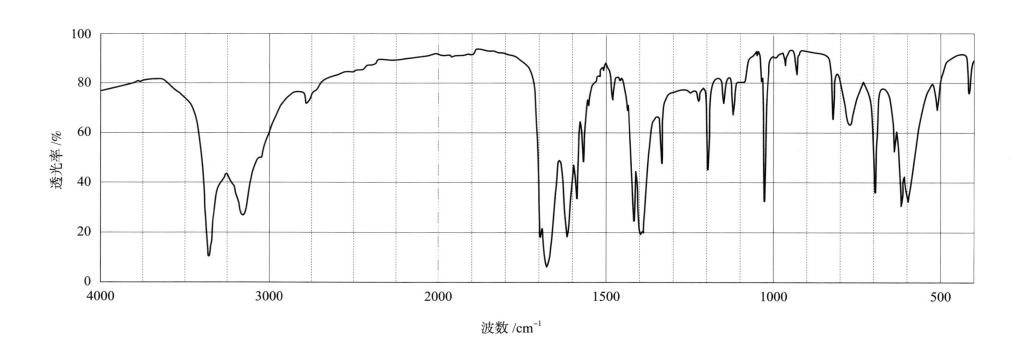

中文名称：烟酸

英文名称：Nicotinic Acid

分 子 式：C$_6$H$_5$NO$_2$

仪器类型：光栅

试样制备：KBr 压片法

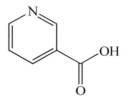

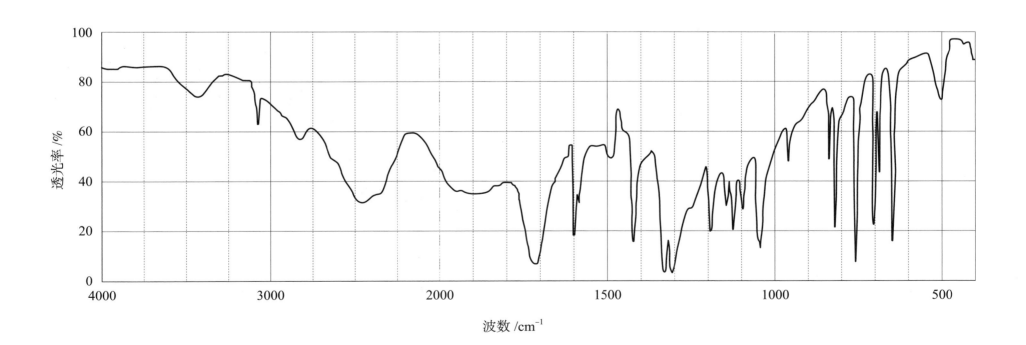

透光率 /%

波数 /cm^{-1}

中文名称：烟酸诺氟沙星

英文名称：Norfloxacin Nicotinate

分 子 式：C₁₆H₁₈FN₃O₃ · C₆H₅NO₂

仪器类型：傅立叶

试样制备：KBr 压片法

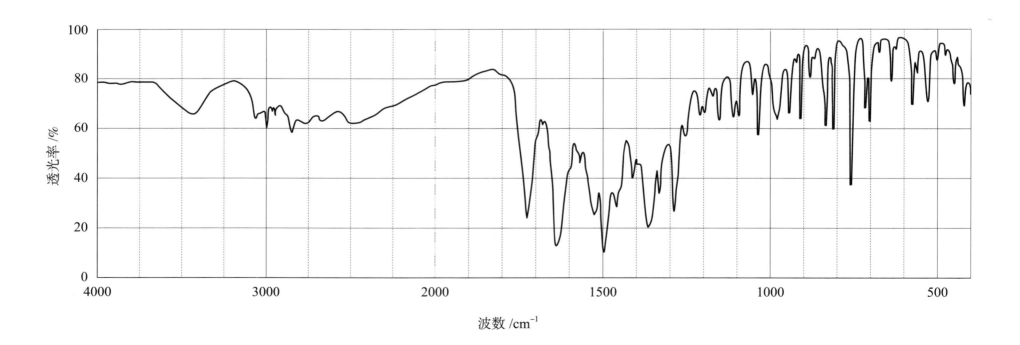

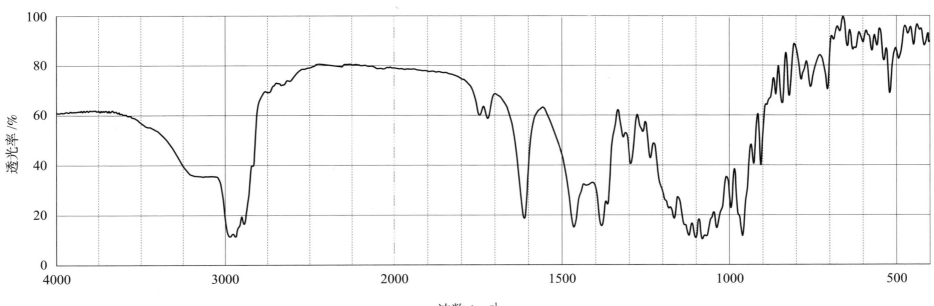

中文名称：海南霉素钠

英文名称：Hainanmycin Sodium

分 子 式：$C_{47}H_{79}O_{15}Na$

仪器类型：傅立叶

试样制备：KBr 压片法

透光率/%

波数 /cm⁻¹

中文名称：诺氟沙星

英文名称：Norfloxacin

分 子 式：C₁₆H₁₈FN₃O₃

仪器类型：傅立叶

试样制备：KBr 压片法

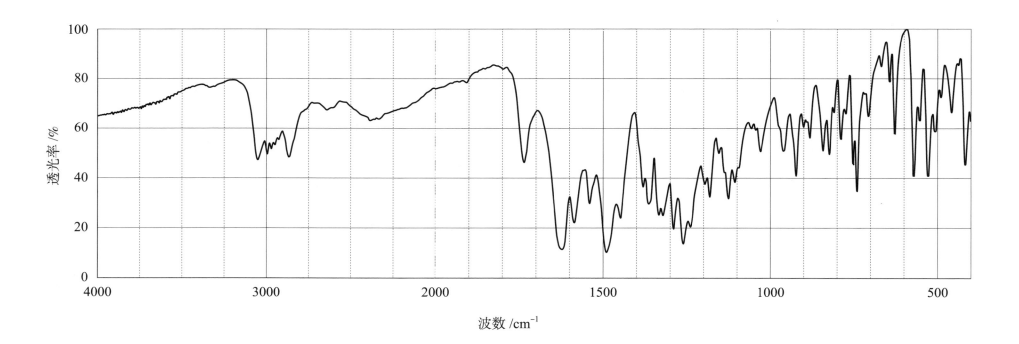

中文名称：黄体酮

英文名称：Progesterone

分 子 式：$C_{21}H_{30}O_2$

仪器类型：光栅

试样制备：KBr 压片法

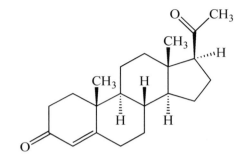

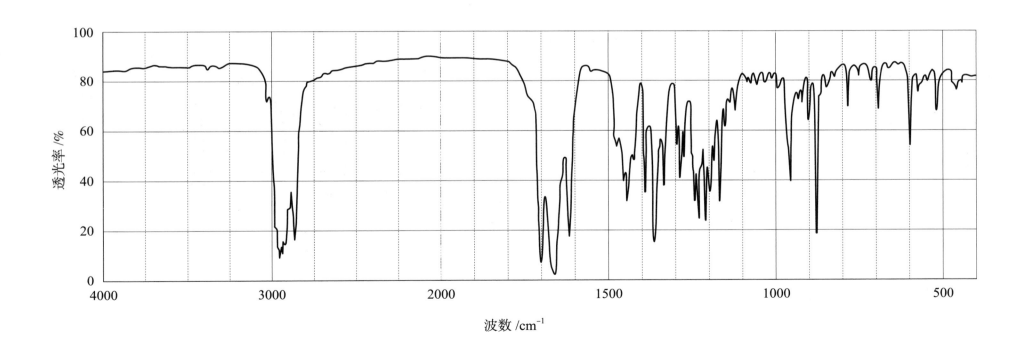

中文名称：萘普生

英文名称：Naproxen

分 子 式：$C_{14}H_{14}O_3$

仪器类型：光栅

试样制备：KBr 压片法

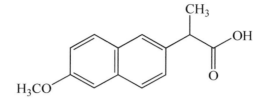

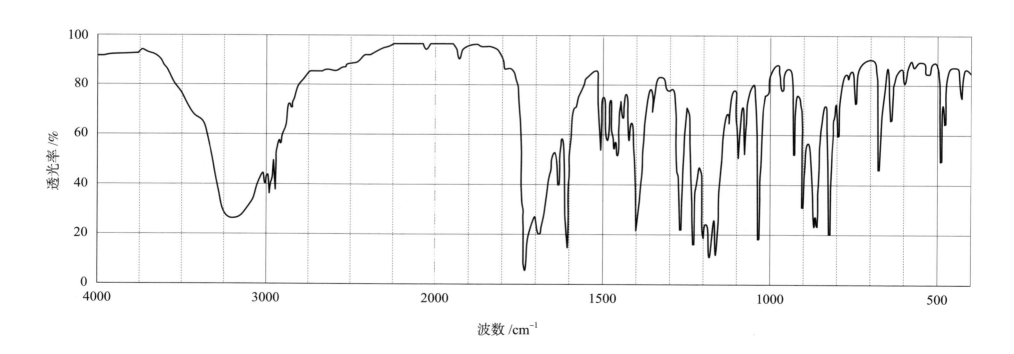

中文名称：酞磺胺噻唑

英文名称：Phthalylsulfathiazole

分　子　式：$C_{17}H_{13}N_3O_5S_2$

仪器类型：光栅

试样制备：KBr 压片法

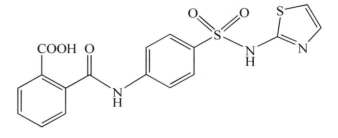

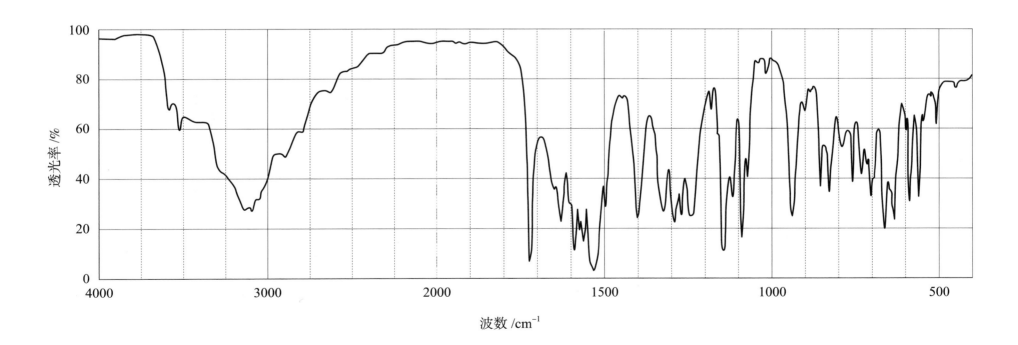

中文名称：酚磺乙胺

英文名称：Etamsylate

分 子 式：C₁₀H₁₇NO₅S

仪器类型：光栅

试样制备：KBr 压片法

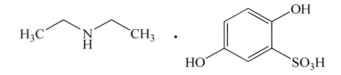

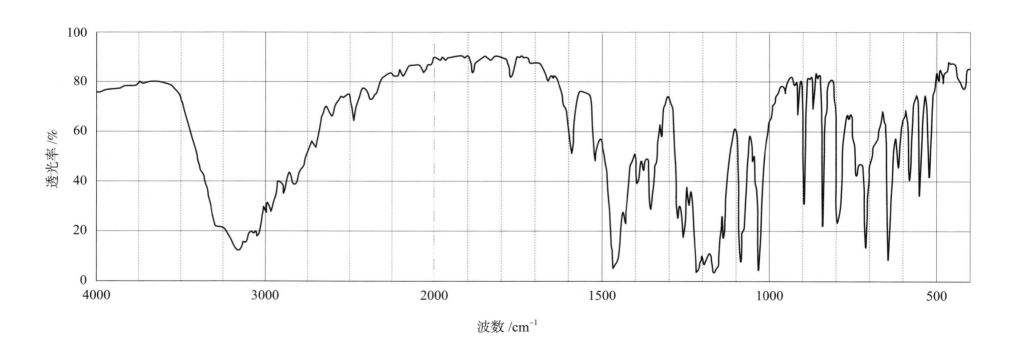

中文名称：维生素 B₁

英文名称：Vitamin B₁

分 子 式：$C_{12}H_{17}ClN_4OS \cdot HCl$

仪器类型：傅立叶

试样制备：KBr 压片法

备　　注：取供试品适量，加水溶解，水浴蒸干，

在 105℃干燥 2 小时测定。

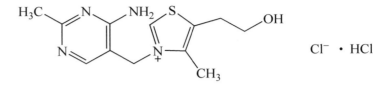

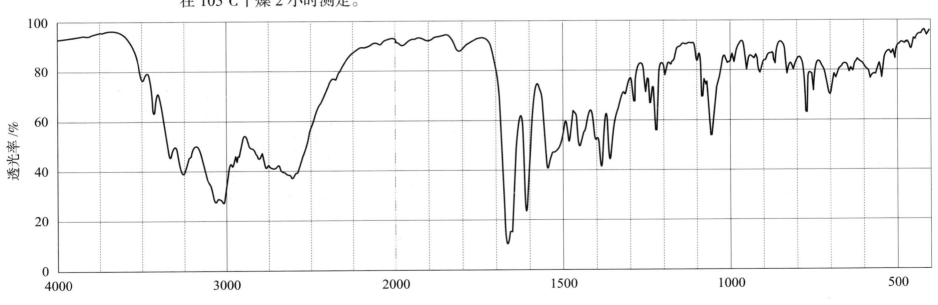

透光率 /%

波数 /cm⁻¹

中文名称：维生素 B$_2$

英文名称：Vitamin B$_2$

分 子 式：C$_{17}$H$_{20}$N$_4$O$_6$

仪器类型：光栅

试样制备：KBr 压片法

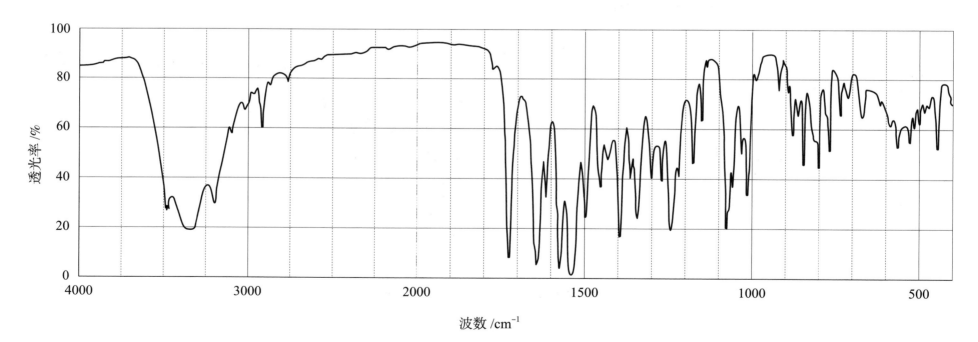

透光率 /%

波数 /cm^{-1}

中文名称：维生素 B₆

英文名称：Vitamin B₆

分子式：$C_8H_{11}NO_3 \cdot HCl$

仪器类型：光栅

试样制备：KBr 压片法

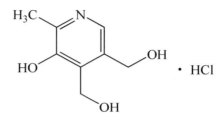

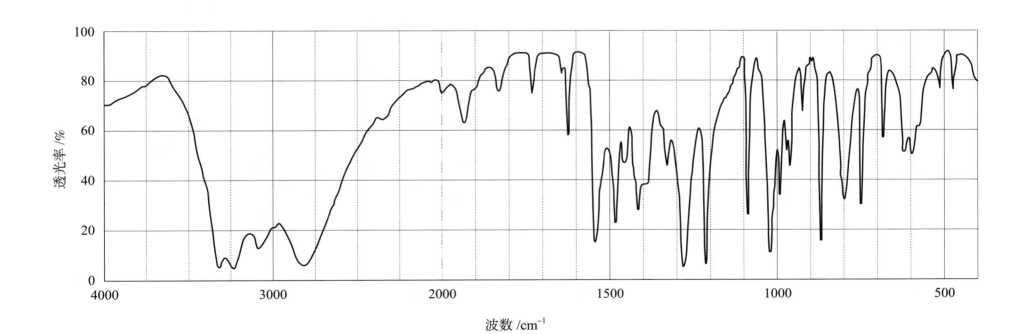

透光率 /%

波数 /cm⁻¹

中文名称：维生素 B$_{12}$

英文名称：Vitamin B$_{12}$

分 子 式：C$_{63}$H$_{88}$CoN$_{14}$O$_{14}$P

仪器类型：光栅

试样制备：KBr 压片法

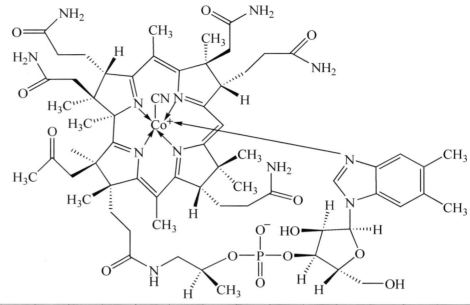

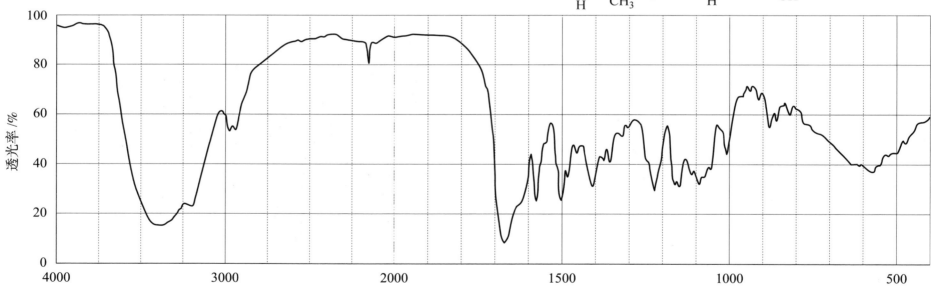

波数 /cm^{-1}

中文名称：维生素 C

英文名称：Vitamin C

分 子 式：$C_6H_8O_6$

仪器类型：光栅

试样制备：KBr 压片法

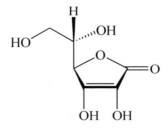

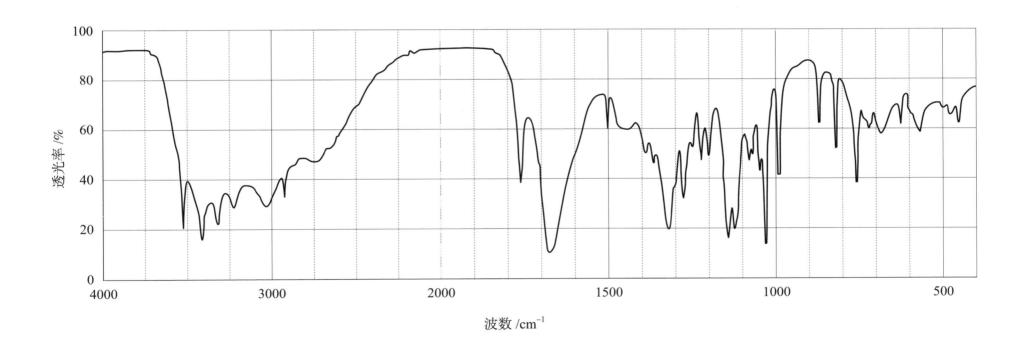

中文名称：维生素 D$_2$

英文名称：Vitamin D$_2$

分 子 式：C$_{28}$H$_{44}$O

仪器类型：光栅

试样制备：KBr 压片法

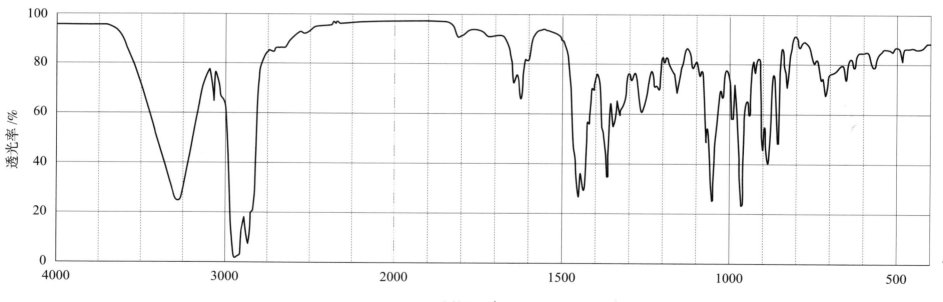

中文名称：维生素 D₃

英文名称：Vitamin D₃

分 子 式：$C_{27}H_{44}O$

仪器类型：光栅

试样制备：KBr 压片法

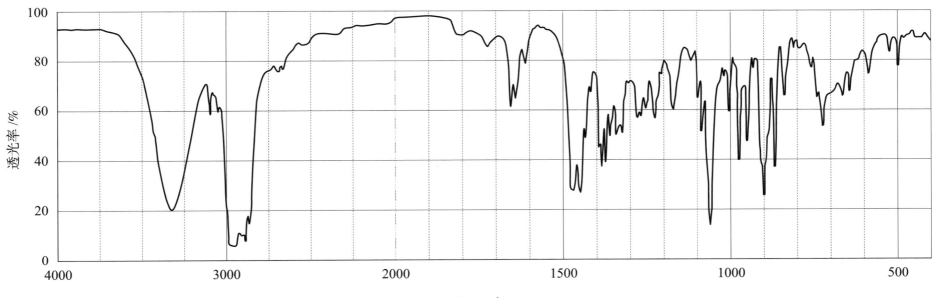

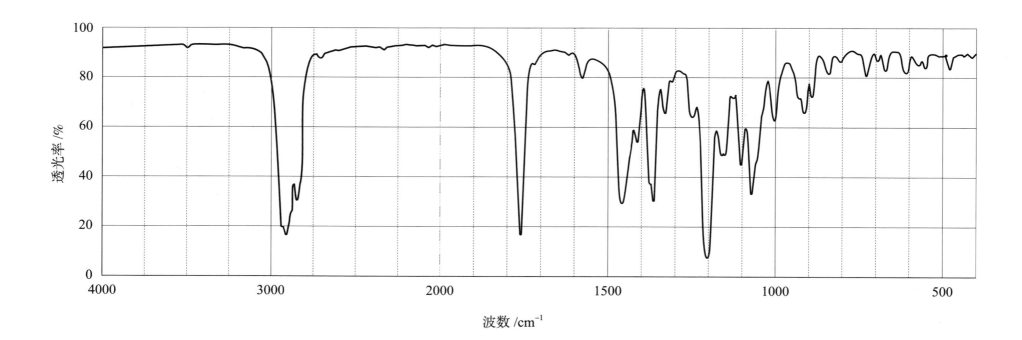

中文名称：维生素 E（合成型）

英文名称：Vitamin E (Synthetic)

分 子 式：$C_{31}H_{52}O_3$

仪器类型：傅立叶

试样制备：膜法

100

80

60

40

20

0

透光率 /%

4000   3000   2000   1500   1000   500

波数 /cm⁻¹

中文名称：维生素 K₁

英文名称：Vitamin K₁ (Phytomenadione)

分 子 式：$C_{31}H_{46}O_2$

仪器类型：光栅

试样制备：KBr 压片法

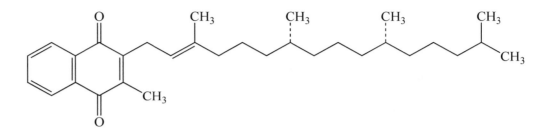

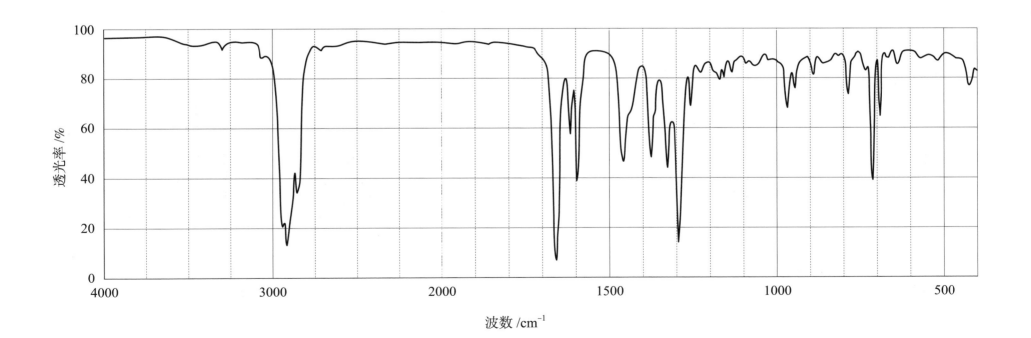

中文名称：葡萄糖

英文名称：Glucose

分 子 式：$C_6H_{12}O_6 \cdot H_2O$

仪器类型：光栅

试样制备：KBr 压片法

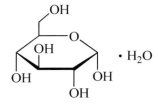

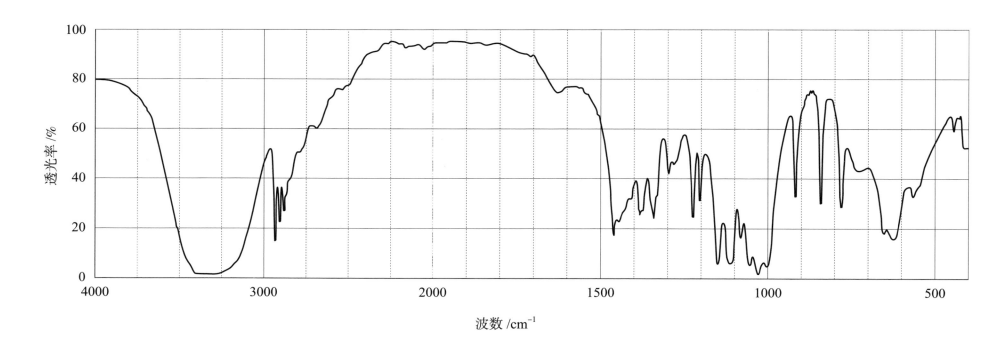

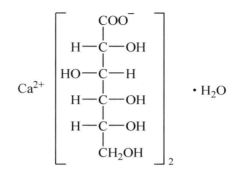

中文名称：葡萄糖酸钙

英文名称：Calcium Gluconate

分 子 式：$C_{12}H_{22}CaO_{14} \cdot H_2O$

仪器类型：光栅

试样制备：KBr 压片法

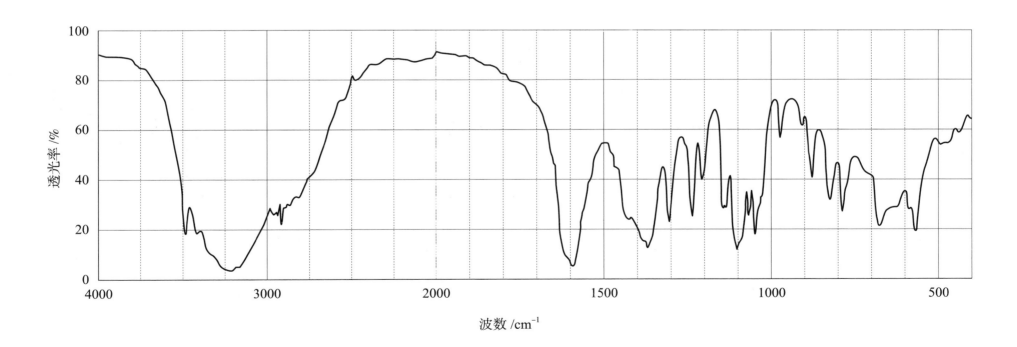

中文名称：硝唑沙奈

英文名称：Nitazoxanide

分 子 式：$C_{12}H_9N_3O_5S$

仪器类型：傅立叶

试样制备：KBr 压片法

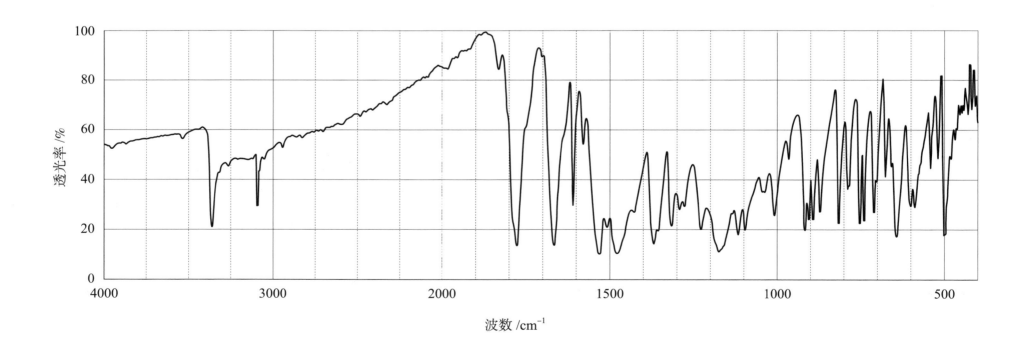

中文名称：硝碘酚腈

英文名称：Nitroxinil

分 子 式：C₇H₃IN₂O₃

仪器类型：傅立叶

试样制备：KBr 压片法

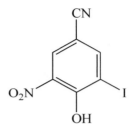

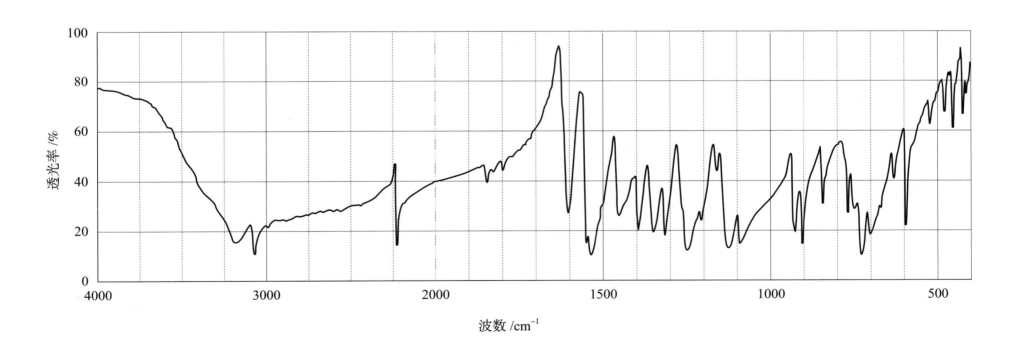

波数 /cm⁻¹

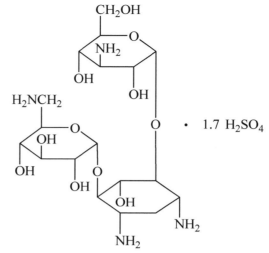

中文名称：硫酸卡那霉素

英文名称：Kanamycin Sulfate

分　子　式：$C_{18}H_{36}N_4O_{11} \cdot 1.7\ H_2SO_4$

仪器类型：光栅

试样制备：KBr 压片法

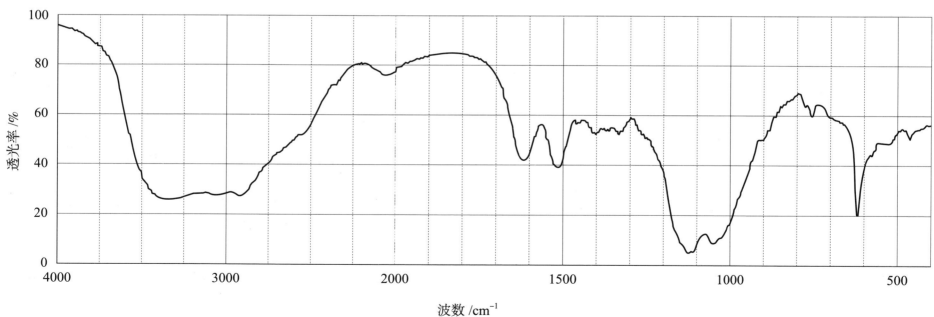

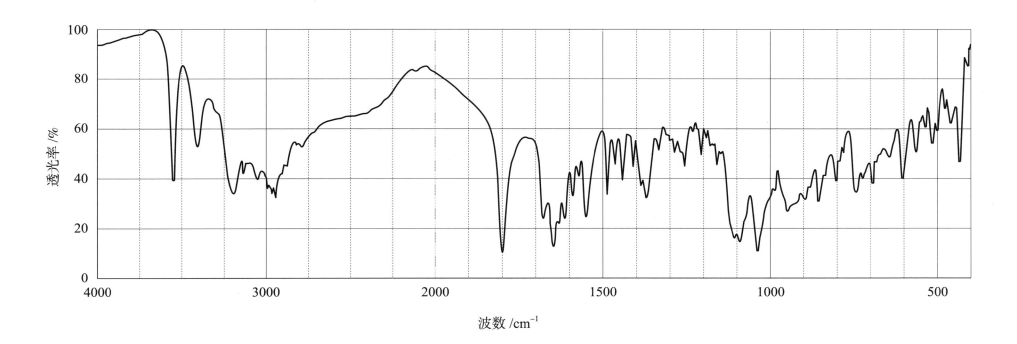

中文名称：硫酸头孢喹肟

英文名称：Cefquinome Sulfate

分 子 式：$C_{23}H_{24}N_6O_5S_2 \cdot H_2SO_4$

仪器类型：傅立叶

试样制备：KBr 压片法

透光率 /%

波数 /cm^{-1}

中文名称：硫酸庆大霉素

英文名称：Gentamycin Sulfate

仪器类型：光栅

试样制备：KBr 压片法

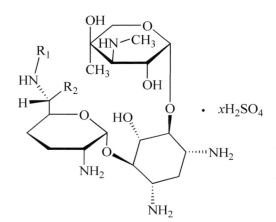

庆大霉素C₁：R₁=R₂=CH₃ $\quad$ C₂₁H₄₃N₅O₇

庆大霉素C₁ₐ：R₁=R₂=H $\quad$ C₁₉H₃₉N₅O₇

庆大霉素C₂：R₁=CH₃，R₂=H $\quad$ C₂₀H₄₁N₅O₇

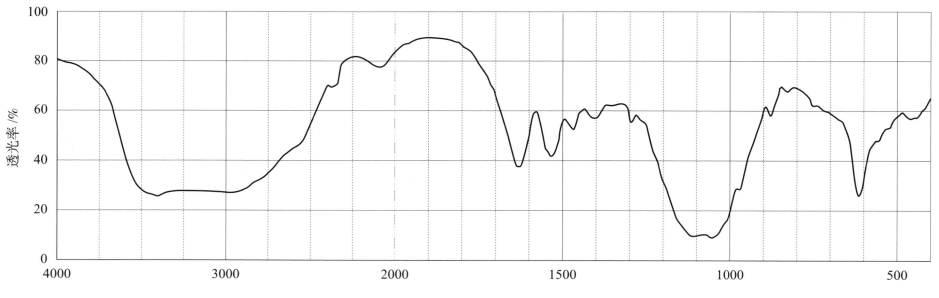

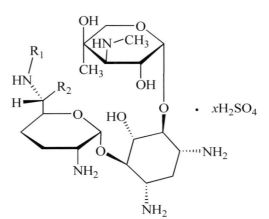

中文名称：硫酸庆大霉素

英文名称：Gentamycin Sulfate

仪器类型：傅立叶

试样制备：KBr 压片法

· $x\mathrm{H_2SO_4}$

庆大霉素C$_1$： R$_1$=R$_2$=CH$_3$ C$_{21}$H$_{43}$N$_5$O$_7$

庆大霉素C$_{1a}$： R$_1$=R$_2$=H   C$_{19}$H$_{39}$N$_5$O$_7$

庆大霉素C$_2$： R$_1$=CH$_3$，R$_2$=H   C$_{20}$H$_{41}$N$_5$O$_7$

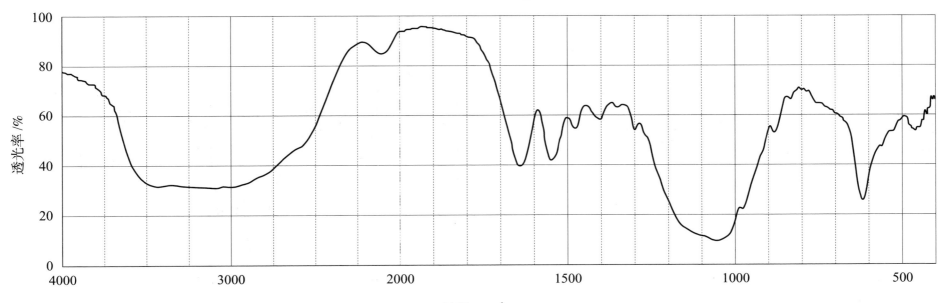

中文名称：硫酸阿托品

英文名称：Atropine Sulfate

分 子 式：$(C_{17}H_{23}NO_3)_2 \cdot H_2SO_4 \cdot H_2O$

仪器类型：光栅

试样制备：KBr 压片法

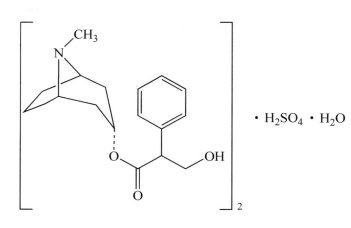

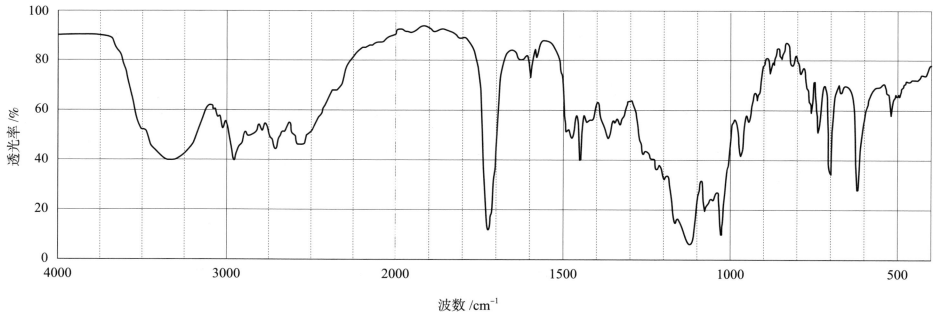

中文名称：硫酸阿托品

英文名称：Atropine Sulfate

分 子 式：$(C_{17}H_{23}NO_3)_2 \cdot H_2SO_4 \cdot H_2O$

仪器类型：傅立叶

试样制备：KBr 压片法

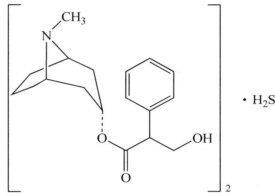

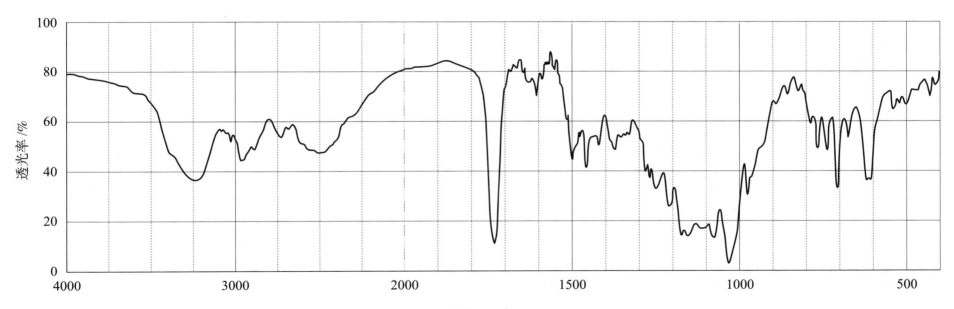

中文名称：硫酸链霉素

英文名称：Streptomycin Sulfate

分 子 式：$(C_{21}H_{39}N_7O_{12})_2 \cdot 3H_2SO_4$

仪器类型：光栅

试样制备：KBr 压片法

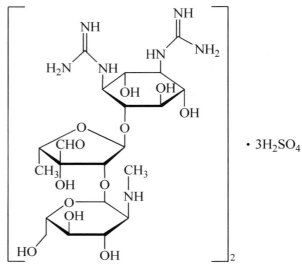

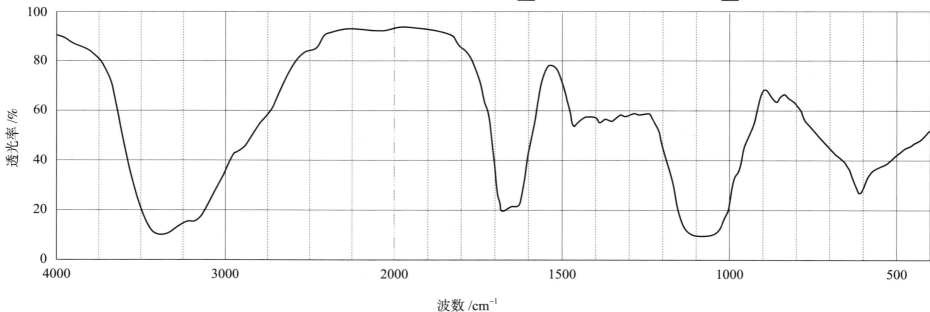

波数 /cm⁻¹

中文名称：硫酸链霉素

英文名称：Streptomycin Sulfate

分 子 式：$(C_{21}H_{39}N_7O_{12})_2 \cdot 3H_2SO_4$

仪器类型：傅立叶

试样制备：KBr 压片法

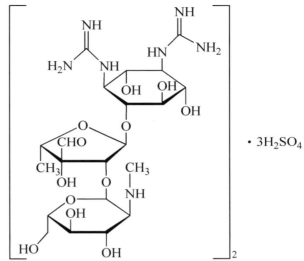

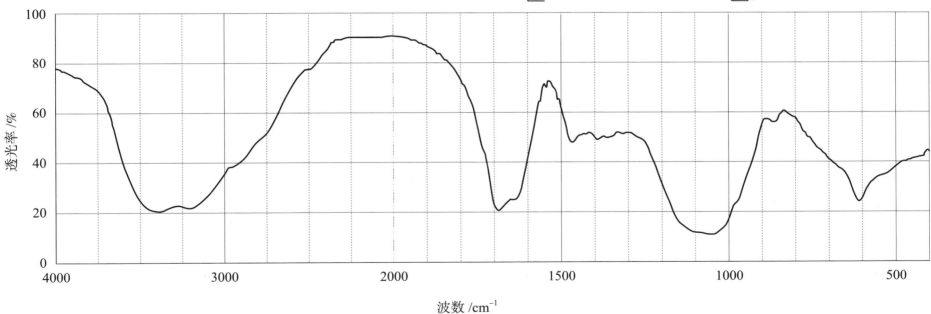

中文名称：硫酸新霉素

英文名称：Neomycin Sulfate

分 子 式：$C_{23}H_{46}N_6O_{13} \cdot xH_2SO_4$

仪器类型：光栅

试样制备：KBr 压片法

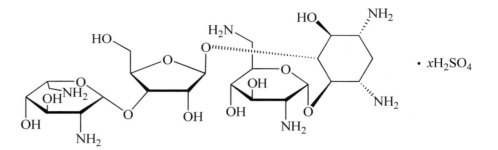

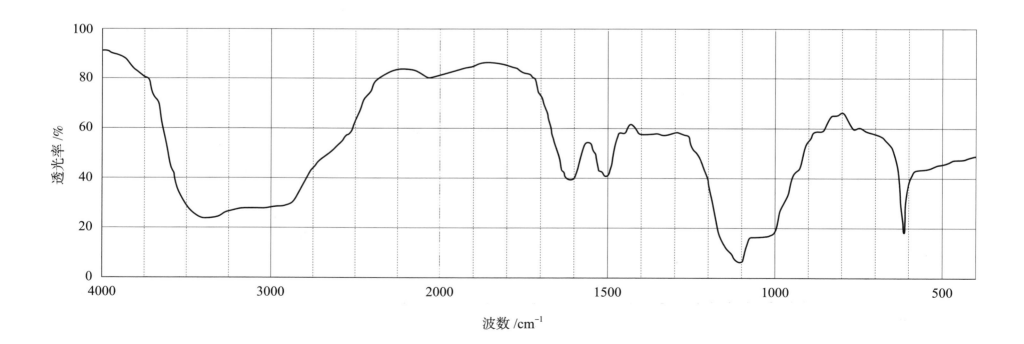

纵轴：透光率 /%

横轴：波数 /cm^{-1}

中文名称：硫酸新霉素

英文名称：Neomycin Sulfate

分 子 式：$C_{23}H_{46}N_6O_{13} \cdot xH_2SO_4$

仪器类型：傅立叶

试样制备：KBr 压片法

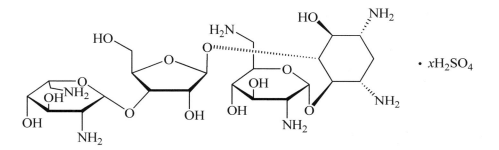

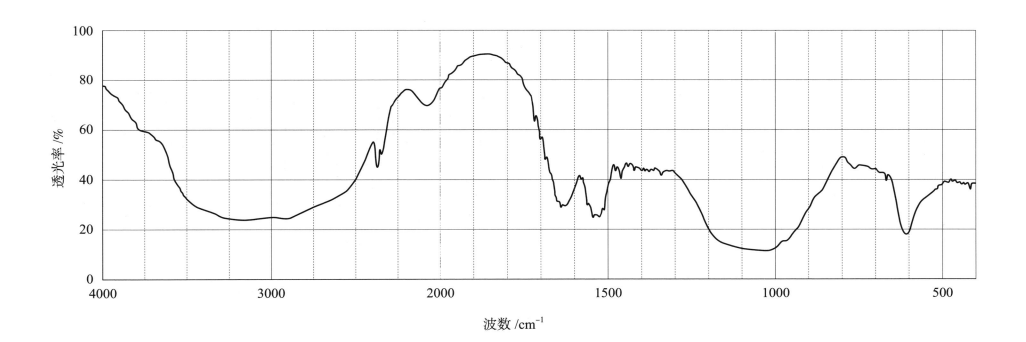

中文名称：喹乙醇

英文名称：Olaquindox

分 子 式：$C_{12}H_{13}N_3O_4$

仪器类型：光栅

试样制备：KBr 压片法

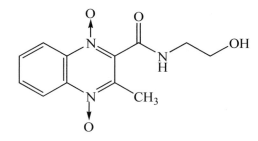

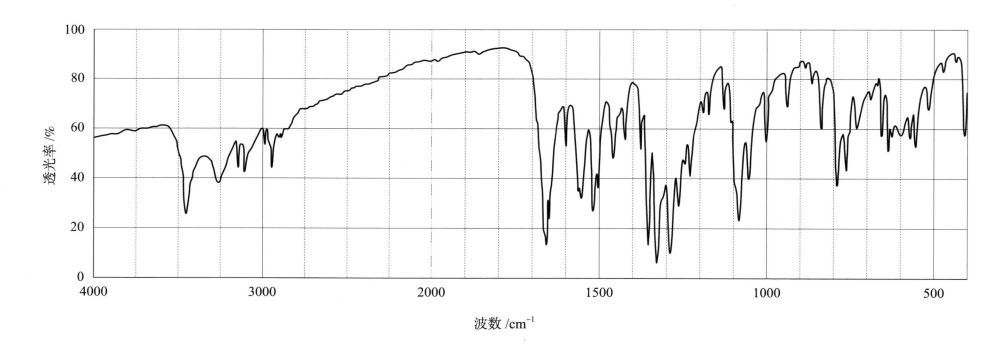

透光率 /%

波数 /cm⁻¹

中文名称：喹乙醇

英文名称：Olaquindox

分 子 式：$C_{12}H_{13}N_3O_4$

仪器类型：傅立叶

试样制备：KBr 压片法

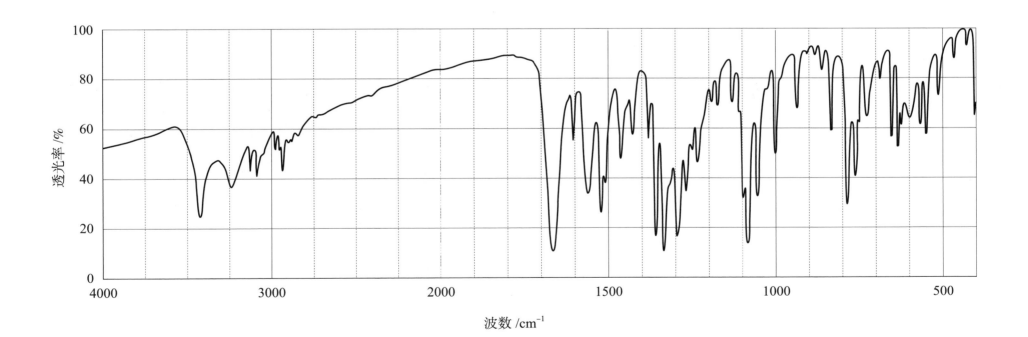

中文名称：喹烯酮

英文名称：Quinocetone

分 子 式：$C_{18}H_{14}N_2O_3$

仪器类型：傅立叶

试样制备：KBr 压片法

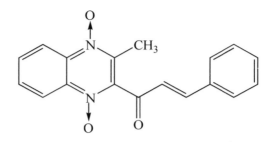

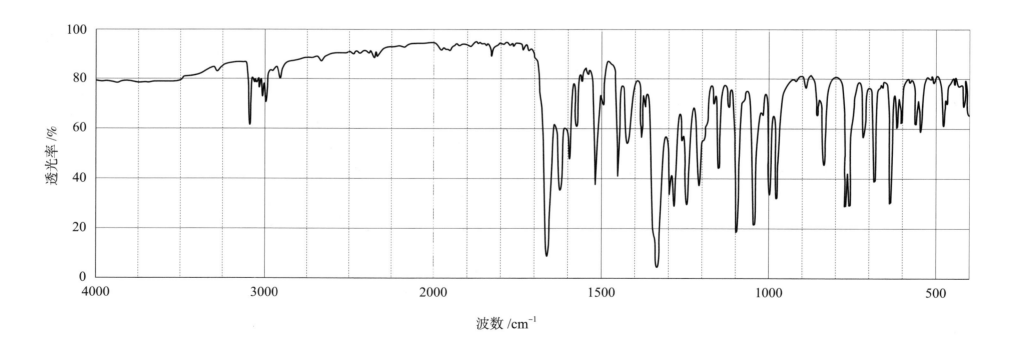

透光率 /%

波数 /cm⁻¹

中文名称：氯化氨甲酰甲胆碱

英文名称：Bethanechol Chloride

分 子 式：$C_7H_{17}ClN_2O_2$

仪器类型：光栅

试样制备：KBr 压片法

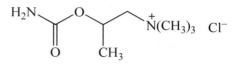

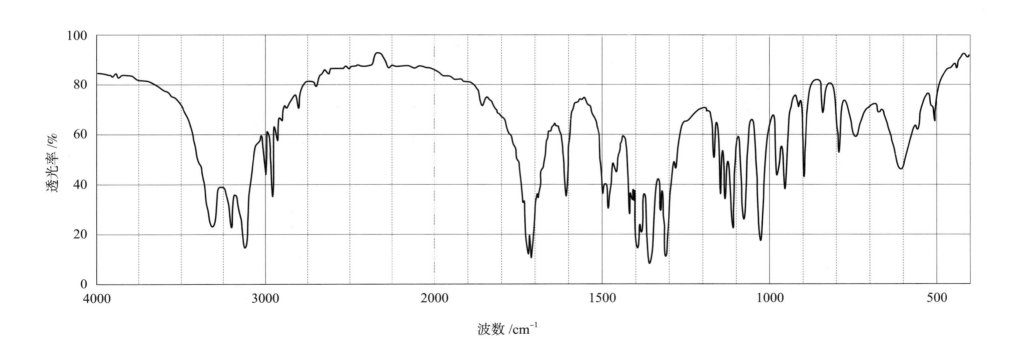

中文名称：氯化琥珀胆碱

英文名称：Suxamethonium Chloride

分 子 式：C$_{14}$H$_{30}$Cl$_2$N$_2$O$_4$ · 2H$_2$O

仪器类型：光栅

试样制备：KBr 压片法

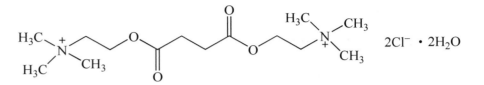

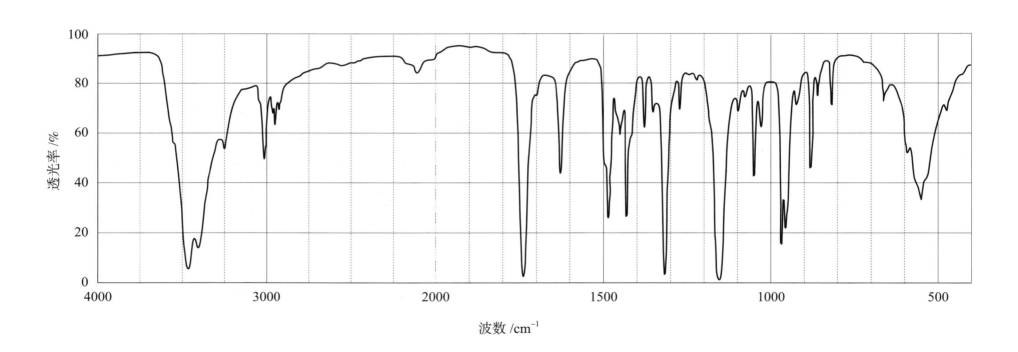

波数 /cm^{-1}

中文名称：氯芬新（氯酚奴隆）

英文名称：Lufenuron

分 子 式：$C_{17}H_8Cl_2F_8N_2O_3$

仪器类型：傅立叶

试样制备：KBr 压片法

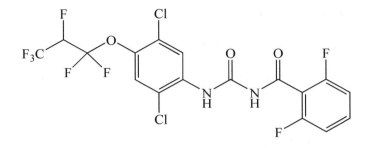

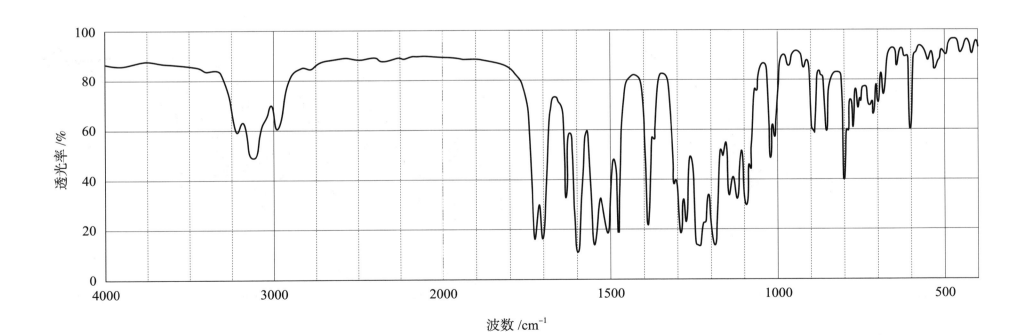

中文名称：氯前列醇

英文名称：Cloprostenol

分 子 式：C$_{22}$H$_{29}$ClO$_6$

仪器类型：傅立叶

试样制备：膜法

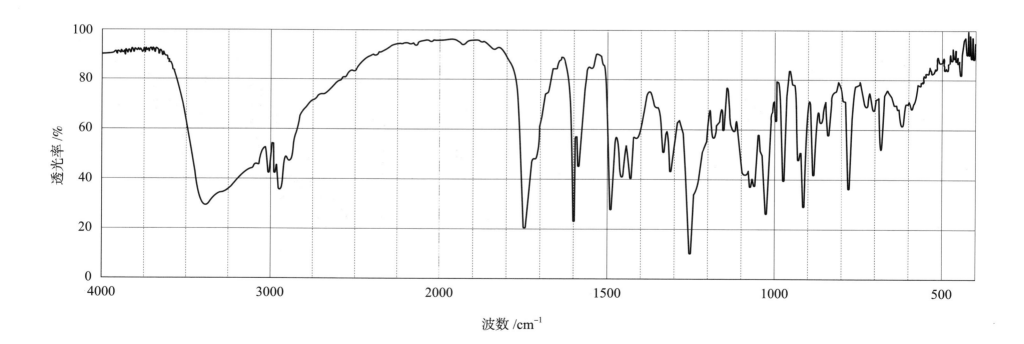

中文名称：氯前列醇钠

英文名称：Cloprostenol Sodium

分子式：C$_{22}$H$_{28}$ClNaO$_6$

仪器类型：傅立叶

试样制备：KBr 压片法

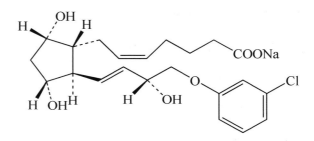

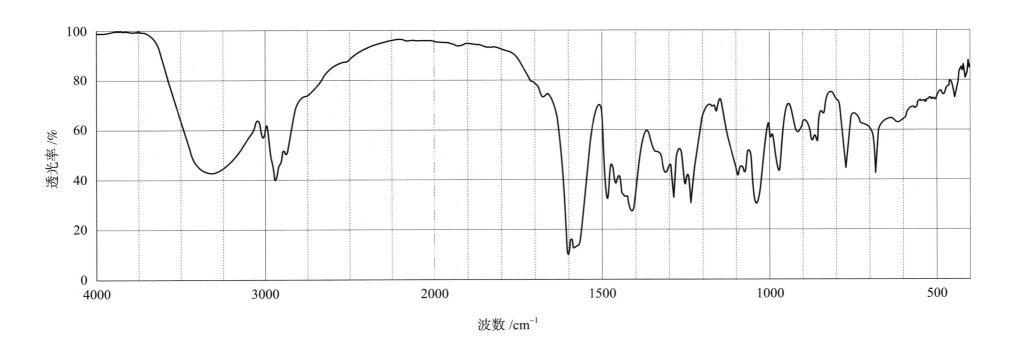

兽药红外光谱集（2020 年版）

中文名称：氯唑西林钠

英文名称：Cloxacillin Sodium

分 子 式：$C_{19}H_{17}ClN_3NaO_5S$

仪器类型：光栅

试样制备：KBr 压片法

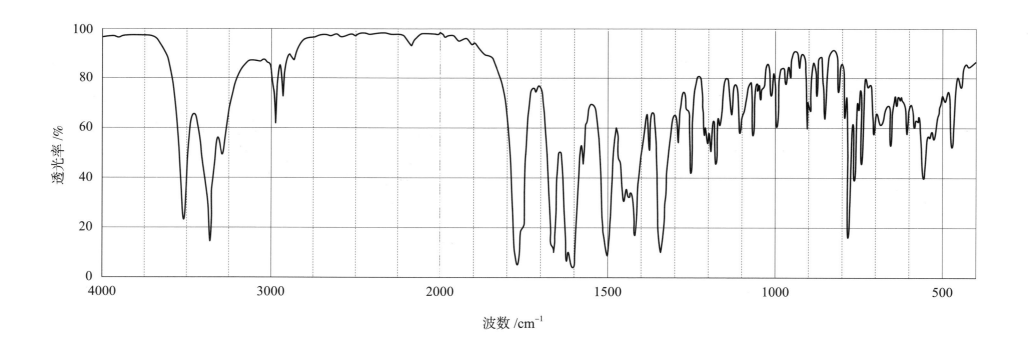

– 198 –

中文名称：氯羟吡啶

英文名称：Clopidol

分 子 式：$C_7H_7Cl_2NO$

仪器类型：光栅

试样制备：KBr 压片法

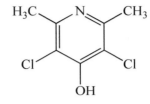

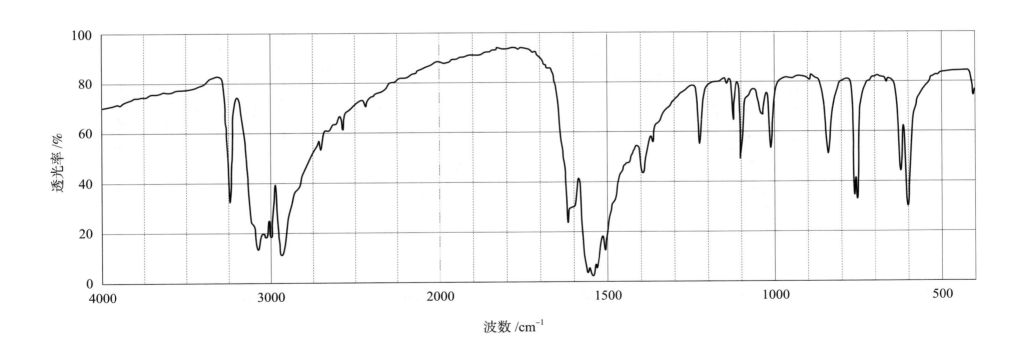

透光率 /%

波数 /cm^{-1}

中文名称：氯羟吡啶

英文名称：Clopidol

分 子 式：C₇H₇Cl₂NO

仪器类型：傅立叶

试样制备：KBr 压片法

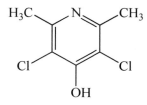

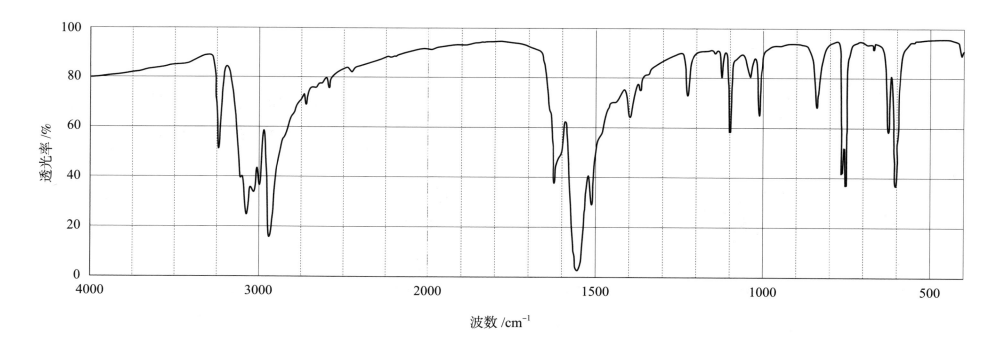

中文名称：氯硝柳胺

英文名称：Niclosamide

分　子　式：C$_{13}$H$_8$Cl$_2$N$_2$O$_4$

仪器类型：光栅

试样制备：KBr 压片法

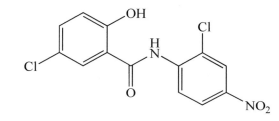

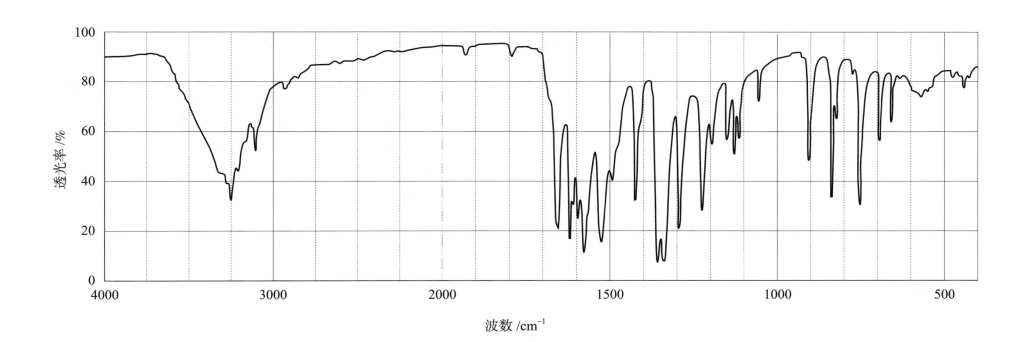

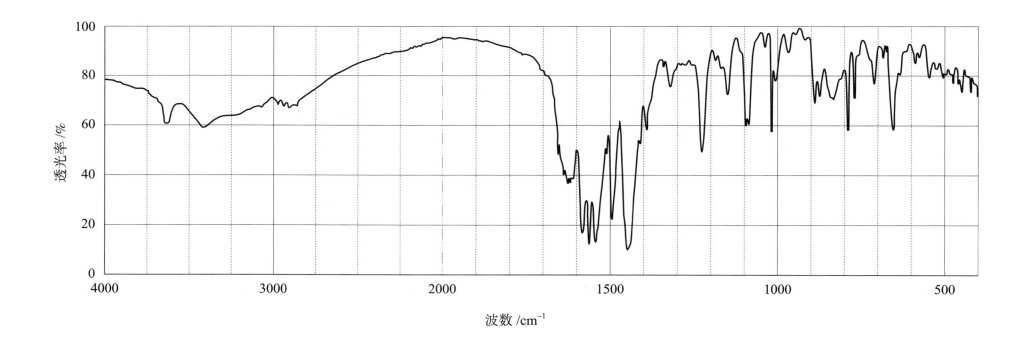

中文名称：氯氰碘柳胺钠

英文名称：Closantel Sodium

分 子 式：C$_{22}$H$_{13}$Cl$_2$I$_2$N$_2$NaO$_2$ · 2H$_2$O

仪器类型：傅立叶

试样制备：KBr 压片法

透光率 /%

波数 /cm^{-1}

中文名称：替米考星

英文名称：Tilmicosin

分 子 式：$C_{46}H_{80}N_2O_{13}$

仪器类型：傅立叶

试样制备：KBr 压片法

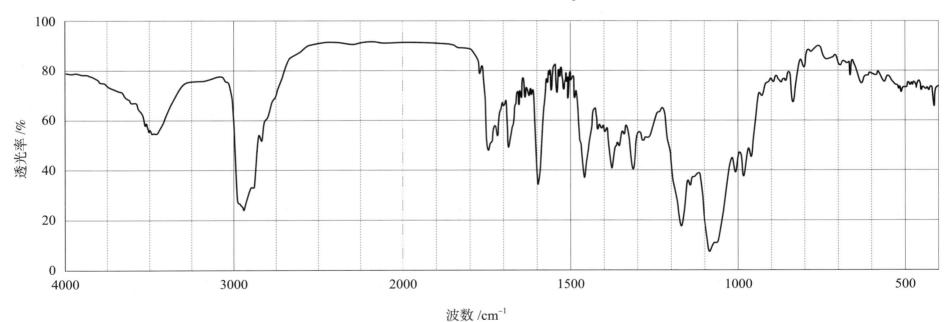

中文名称：奥芬达唑

英文名称：Oxfendazole

分 子 式：C$_{15}$H$_{13}$N$_3$O$_3$S

仪器类型：光栅

试样制备：KBr 压片法

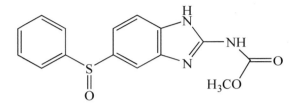

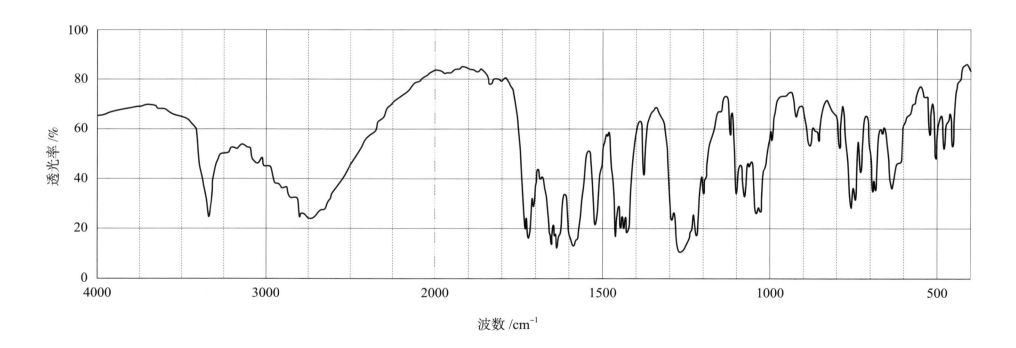

中文名称：奥芬达唑

英文名称：Oxfendazole

分 子 式：C₁₅H₁₃N₃O₃S

仪器类型：傅立叶

试样制备：KBr 压片法

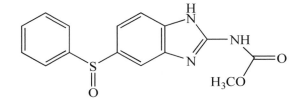

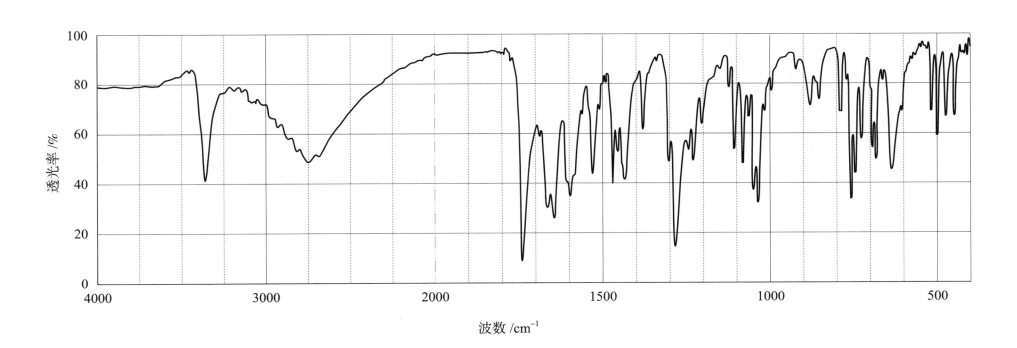

波数 /cm⁻¹

透光率 /%

中文名称：奥苯达唑

英文名称：Oxibendazole

分 子 式：C$_{12}$H$_{15}$N$_3$O$_3$

仪器类型：傅立叶

试样制备：KBr 压片法

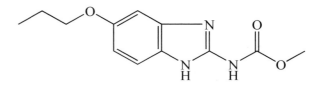

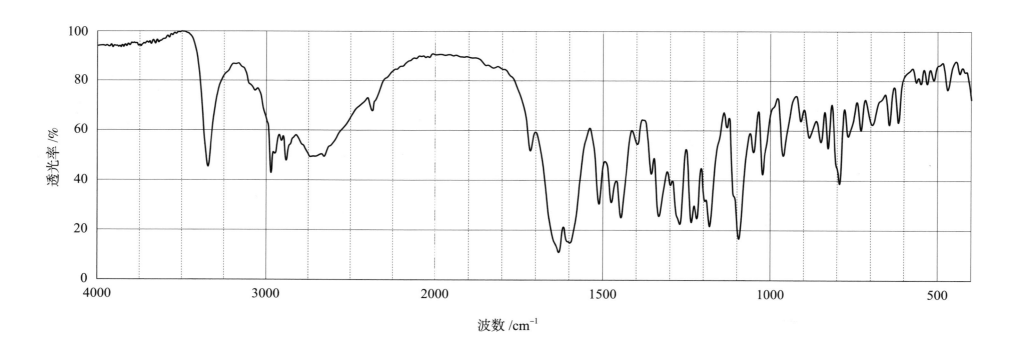

中文名称：普鲁卡因青霉素

英文名称：Procaine Benzylpenicillin

分 子 式：$C_{13}H_{20}N_2O_2 \cdot C_{16}H_{18}N_2O_4S \cdot H_2O$

仪器类型：光栅

试样制备：KBr 压片法

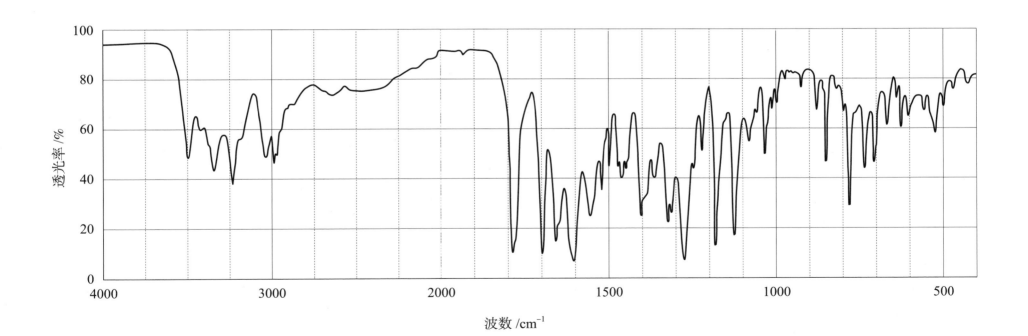

波数 /cm⁻¹

中文名称：碘硝酚

英文名称：Disophenol

分 子 式：$C_6H_3I_2NO_3$

仪器类型：傅立叶

试样制备：KBr 压片法

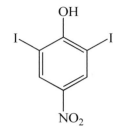

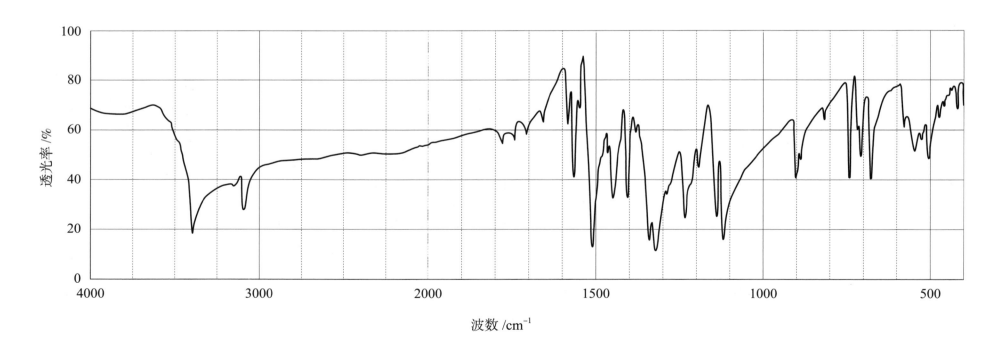

波数 /cm^{-1}

中文名称：碘解磷定

英文名称：Pralidoxime Iodide

分　子　式：C₇H₉IN₂O

仪器类型：光栅

试样制备：KBr 压片法

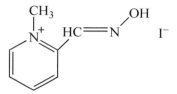

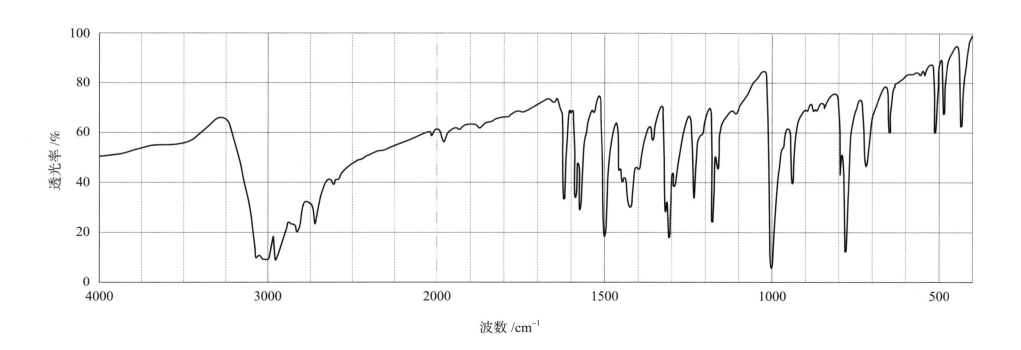

透光率 /%

波数 /cm⁻¹

中文名称：碘醚柳胺

英文名称：Rafoxanide

分 子 式：C$_{19}$H$_{11}$Cl$_2$I$_2$NO$_3$

仪器类型：光栅

试样制备：KBr 压片法

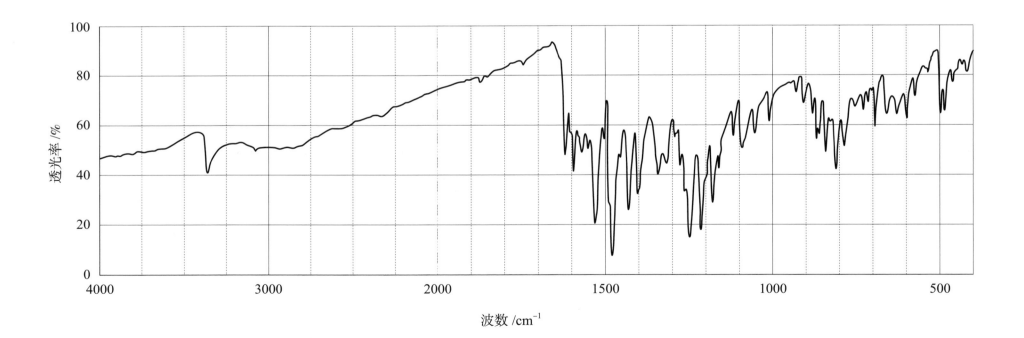

波数 /cm^{-1}

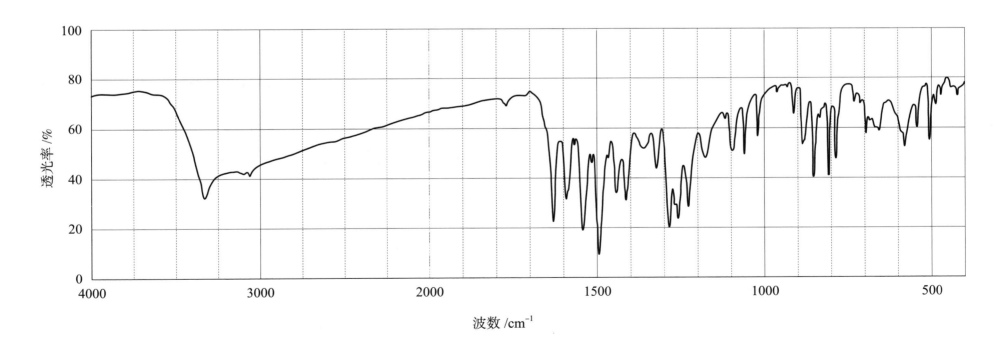

中文名称：碘醚柳胺

英文名称：Rafoxanide

分 子 式：C$_{19}$H$_{11}$Cl$_2$I$_2$NO$_3$

仪器类型：傅立叶

试样制备：KBr 压片法

中文名称：噁喹酸

英文名称：Oxolinic Acid

分 子 式：C₁₃H₁₁NO₅

仪器类型：傅立叶

试样制备：KBr 压片法

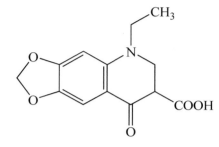

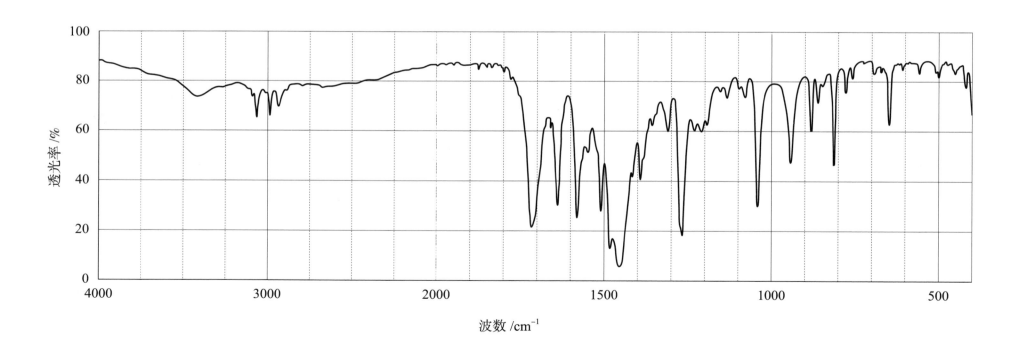

中文名称：溴氰菊酯

英文名称：Deltamethrin

分 子 式：$C_{22}H_{19}Br_2NO_3$

仪器类型：傅立叶

试样制备：KBr 压片法

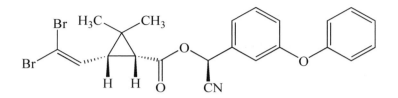

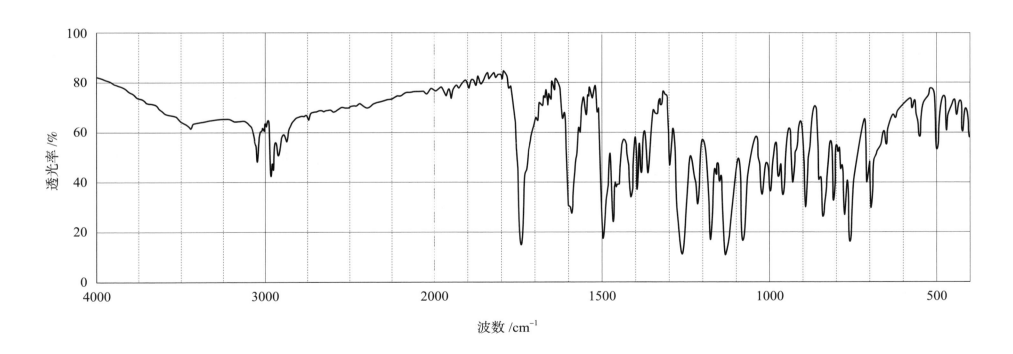

透光率 /%

波数 /cm^{-1}

中文名称：赛拉唑

英文名称：Xylazole

分 子 式：C₁₁H₁₄N₂S

仪器类型：光栅

试样制备：KBr 压片法

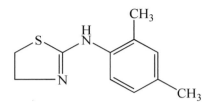

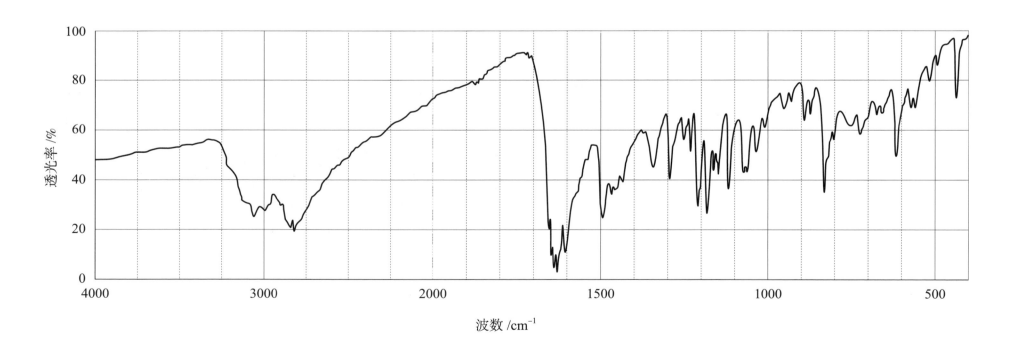

中文名称：赛拉嗪

英文名称：Xylazine

分 子 式：C$_{12}$H$_{16}$N$_2$S

仪器类型：光栅

试样制备：KBr 压片法

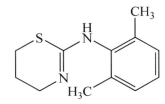

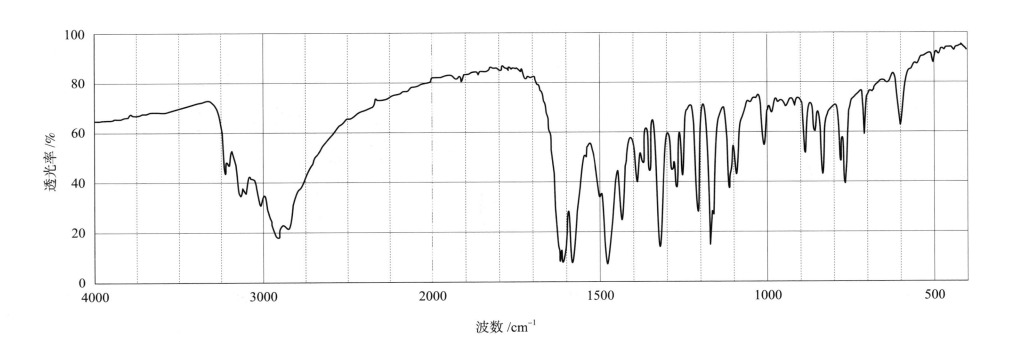

中文名称：醋酸可的松

英文名称：Cortisone Acetate

分 子 式：$C_{23}H_{30}O_6$

仪器类型：光栅

试样制备：KBr 压片法

备　　注：取供试品适量，加少量无水乙醇，加热使

溶解，置水浴上蒸干，105℃干燥后测定。

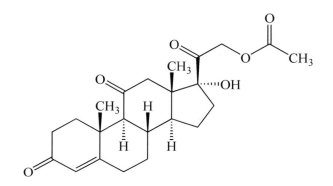

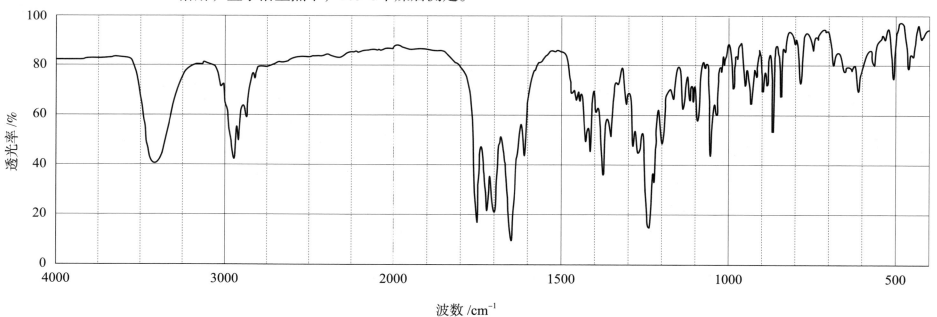

中文名称：醋酸地塞米松

英文名称：Dexamethasone Acetate

分 子 式：$C_{24}H_{31}FO_6$

仪器类型：光栅

试样制备：KBr 压片法

备　　注：取供试品适量，加少量丙酮溶解后，

挥干丙酮，真空干燥后测定。

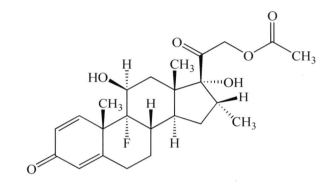

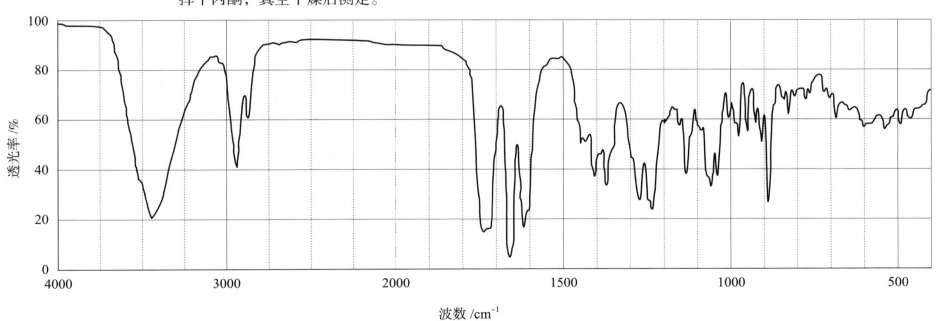

中文名称：醋酸泼尼松

英文名称：Prednisone Acetate

分 子 式：C₂₃H₂₈O₆

仪器类型：光栅

试样制备：KBr 压片法

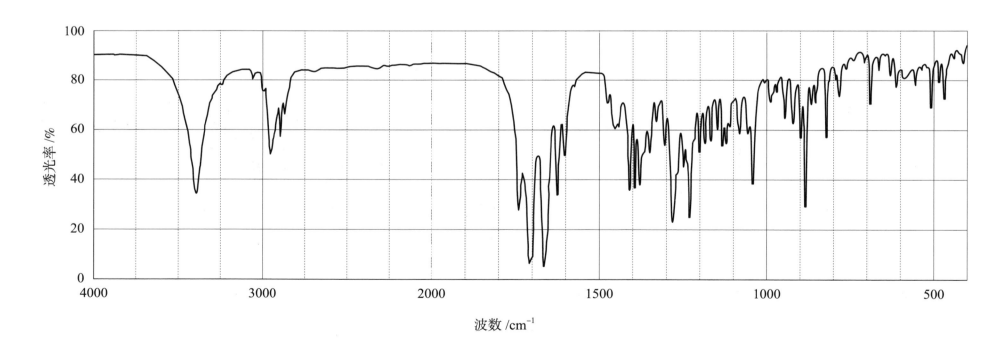

中文名称：醋酸氟孕酮

英文名称：Flurogestone Acetate

分 子 式：$C_{23}H_{31}FO_5$

仪器类型：傅立叶

试样制备：KBr 压片法

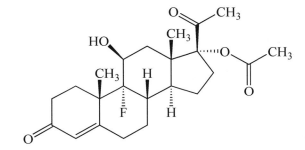

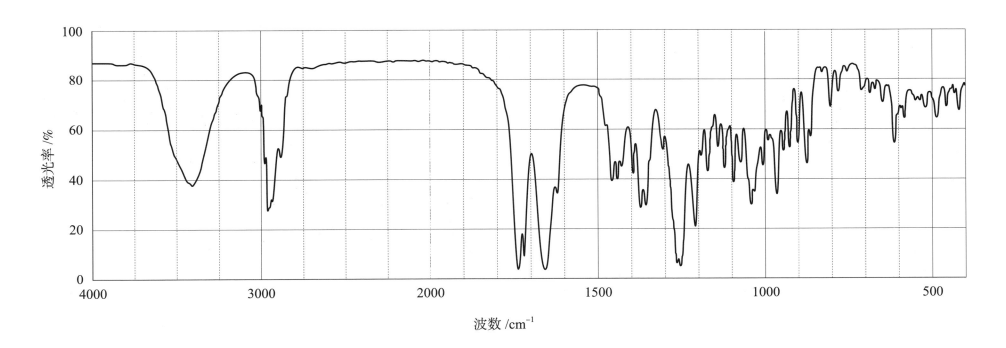

波数 /cm⁻¹

中文名称：醋酸氟轻松

英文名称：Fluocinonide

分　子　式：C$_{26}$H$_{32}$F$_2$O$_7$

仪器类型：光栅

试样制备：KBr 压片法

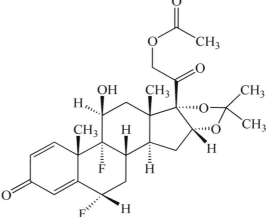

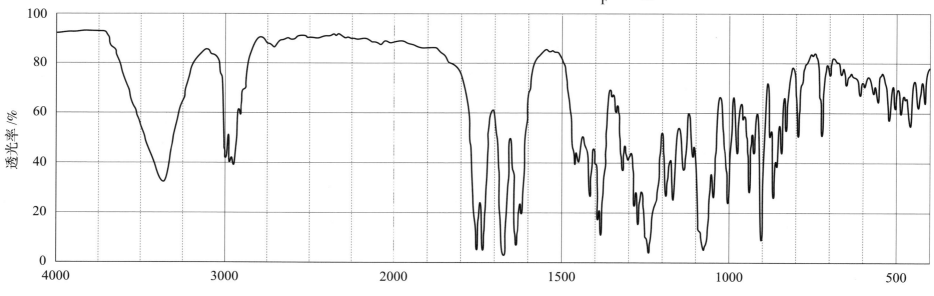

透光率 /%

波数 /cm^{-1}

中文名称：醋酸氢化可的松

英文名称：Hydrocortisone Acetate

分 子 式：$C_{23}H_{32}O_6$

仪器类型：光栅

试样制备：KBr 压片法

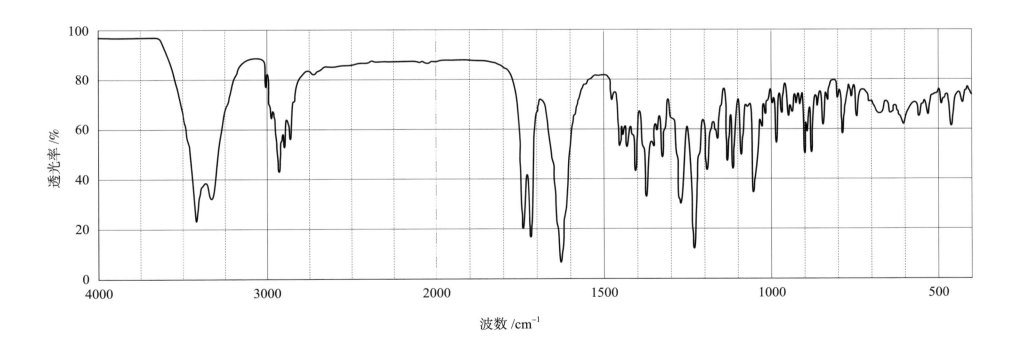

透光率 /%

波数 /cm⁻¹

中文名称：醋酸磺胺米隆

英文名称：Mafenide Acetate

分 子 式：$C_7H_{10}N_2O_2S \cdot C_2H_4O_2$

仪器类型：光栅

试样制备：KBr 压片法

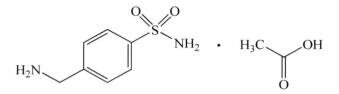

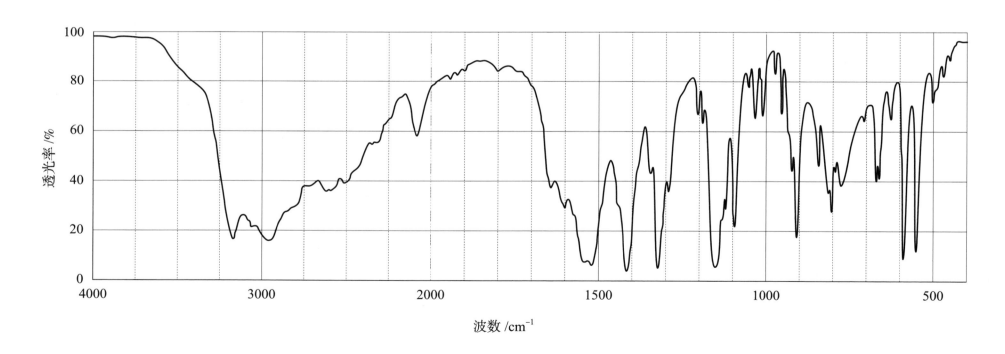

透光率 /%

波数 /cm⁻¹

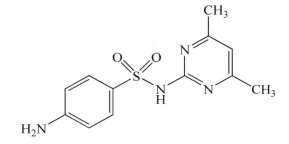

中文名称：磺胺二甲嘧啶

英文名称：Sulfadimidine

分 子 式：C$_{12}$H$_{14}$N$_4$O$_2$S

仪器类型：光栅

试样制备：KBr 压片法

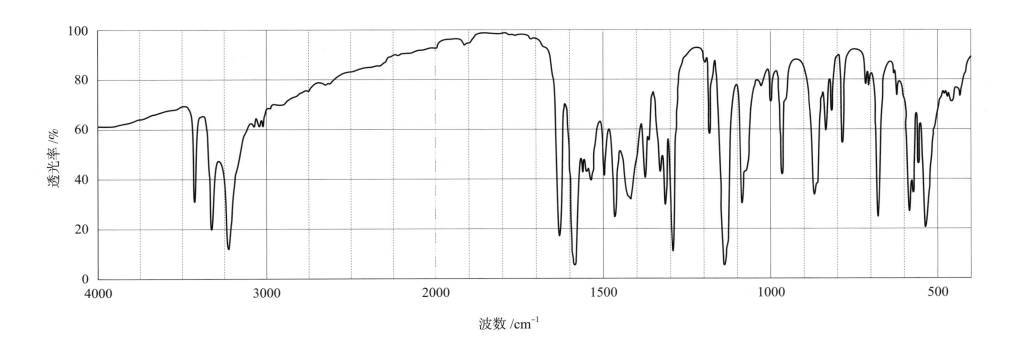

透光率 /%

波数 /cm^{-1}

中文名称：磺胺甲噁唑

英文名称：Sulfamethoxazole

分 子 式：C$_{10}$H$_{11}$N$_3$O$_3$S

仪器类型：光栅

试样制备：KBr 压片法

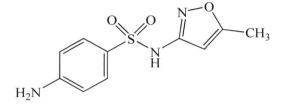

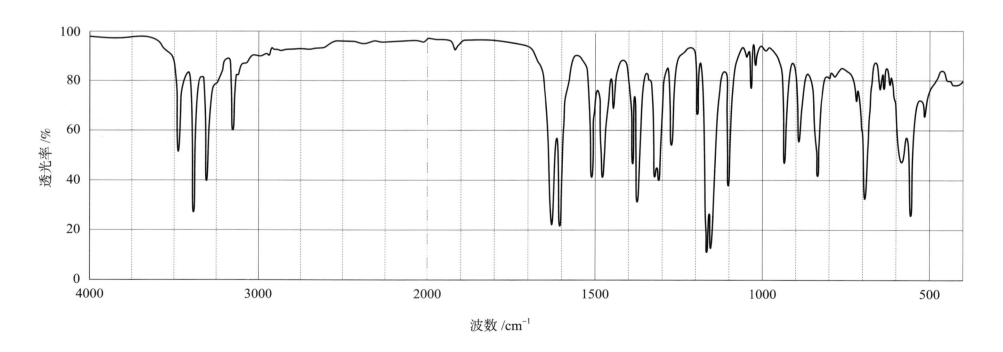

中文名称：磺胺对甲氧嘧啶

英文名称：Sulfamethoxydiazine

分　子　式：$C_{11}H_{12}N_4O_3S$

仪器类型：光栅

试样制备：KBr 压片法

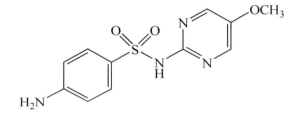

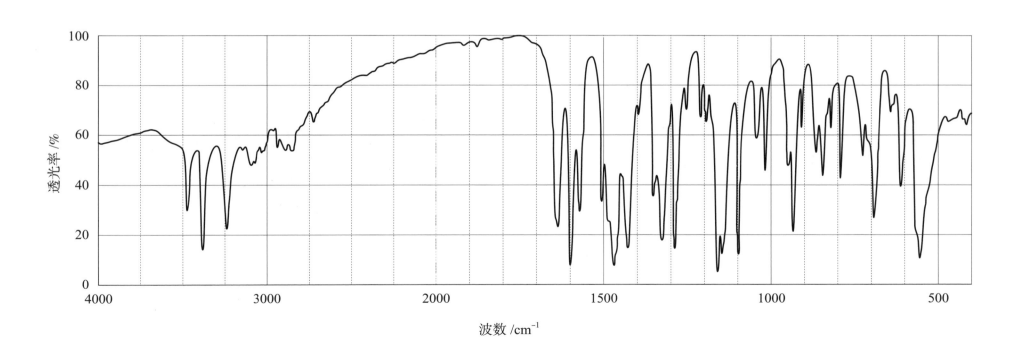

波数 /cm⁻¹

中文名称：磺胺间甲氧嘧啶

英文名称：Sulfamonomethoxine

分 子 式：C₁₁H₁₂N₄O₃S

仪器类型：光栅

试样制备：KBr 压片法

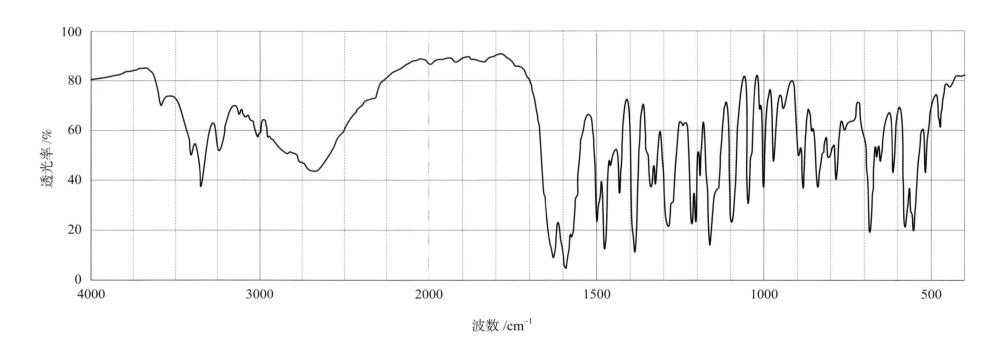

中文名称：磺胺间甲氧嘧啶（一水物）

英文名称：Sulfamonomethoxine

分　子　式：$C_{11}H_{12}N_4O_3S \cdot H_2O$

仪器类型：傅立叶

试样制备：KBr 压片法

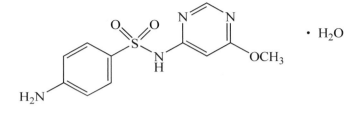

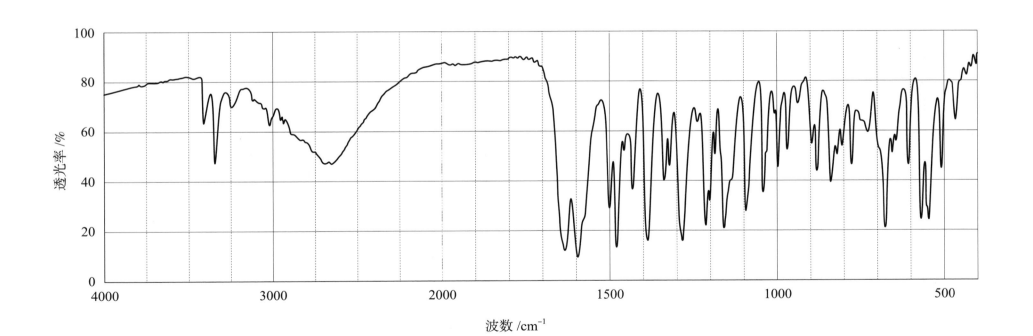

中文名称：磺胺脒

英文名称：Sulfaguanidine

分 子 式：$C_7H_{10}N_4O_2S \cdot H_2O$

仪器类型：光栅

试样制备：KBr 压片法

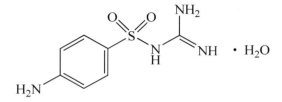

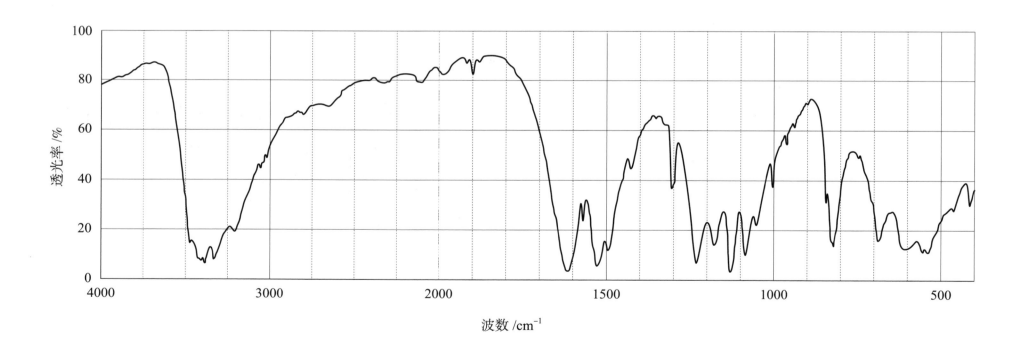

波数 /cm⁻¹

中文名称：磺胺氯达嗪钠

英文名称：Sulfachlorpyridazine Sodium

分 子 式：$C_{10}H_8ClN_4NaO_2S$

仪器类型：傅立叶

试样制备：KBr 压片法

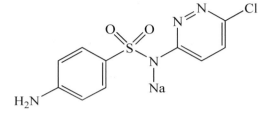

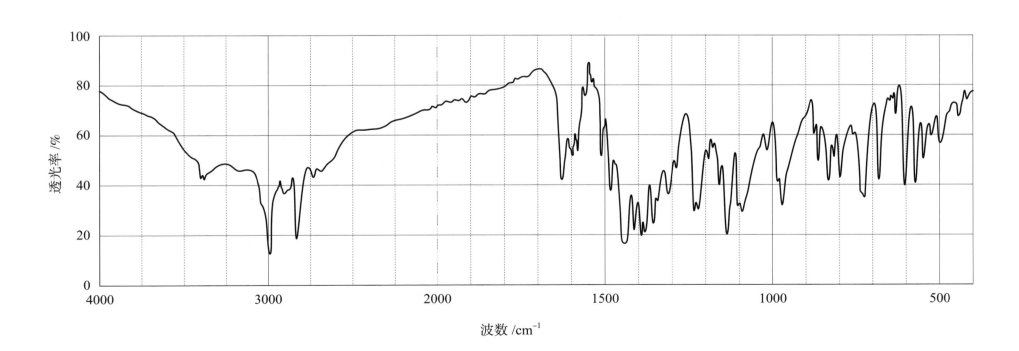

中文名称：磺胺氯吡嗪钠

英文名称：Sulfachloropyrazine Sodium

分 子 式：$C_{10}H_8ClN_4NaO_2S \cdot H_2O$

仪器类型：傅立叶

试样制备：KBr 压片法

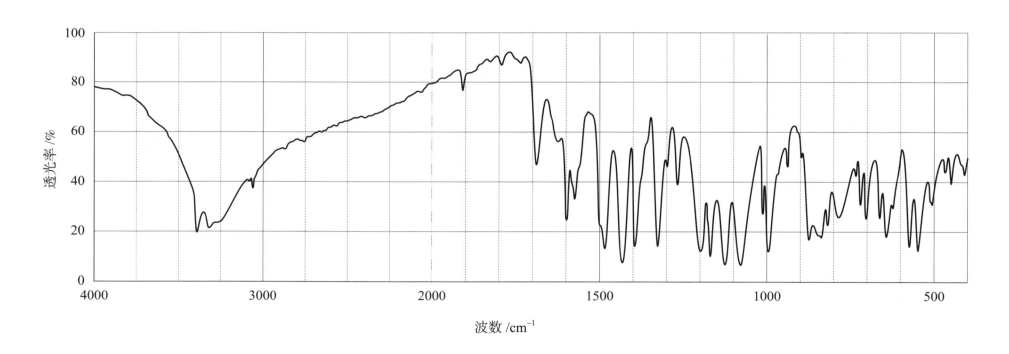

中文名称：磺胺喹噁啉

英文名称：Sulfaquinoxaline

分 子 式：$C_{14}H_{12}N_4O_2S$

仪器类型：光栅

试样制备：KBr 压片法

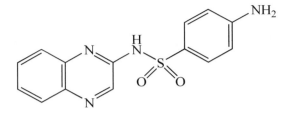

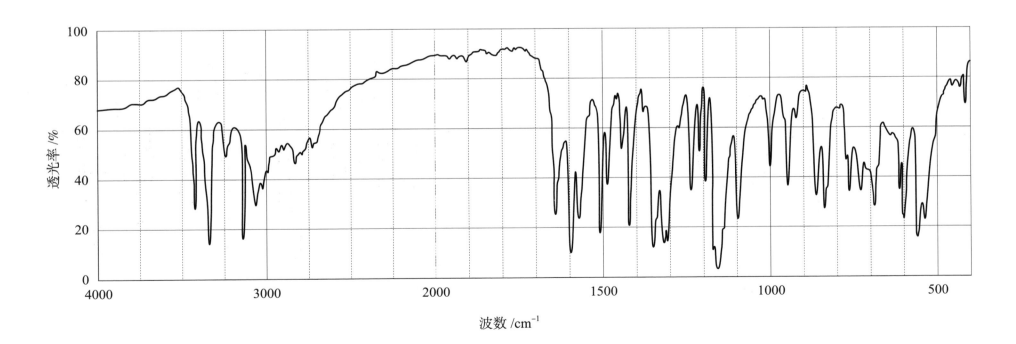

中文名称：磺胺嘧啶

英文名称：Sulfadiazine

分 子 式：C$_{10}$H$_{10}$N$_4$O$_2$S

仪器类型：光栅

试样制备：KBr 压片法

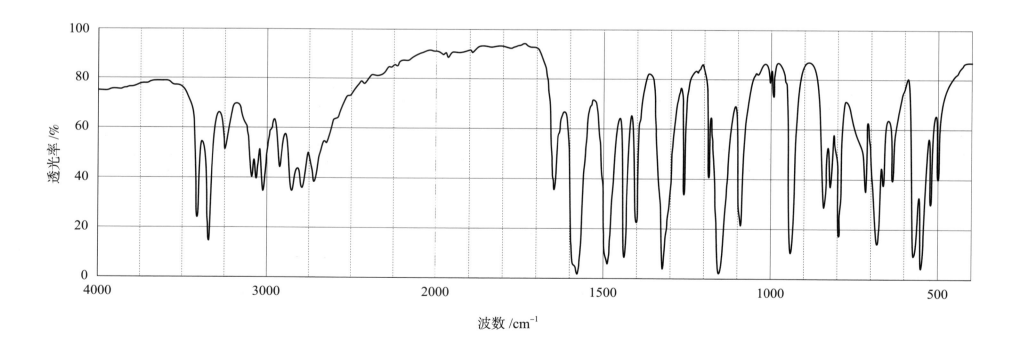

中文名称：磺胺嘧啶钠

英文名称：Sulfadiazine Sodium

分 子 式：C$_{10}$H$_9$N$_4$NaO$_2$S

仪器类型：光栅

试样制备：KBr 压片法

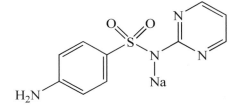

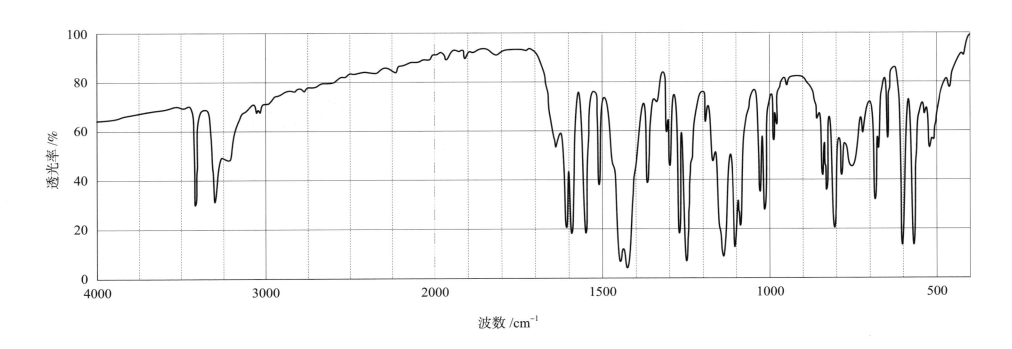

中文名称：磺胺嘧啶钠

英文名称：Sulfadiazine Sodium

分 子 式：C$_{10}$H$_9$N$_4$NaO$_2$S

仪器类型：傅立叶

试样制备：KBr 压片法

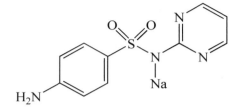

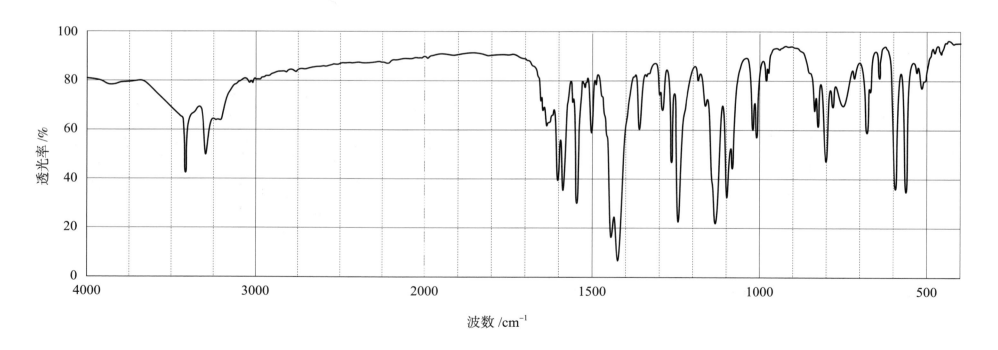

中文名称：磺胺嘧啶银

英文名称：Sulfadiazine Silver

分 子 式：$C_{10}H_9AgN_4O_2S$

仪器类型：光栅

试样制备：KBr 压片法

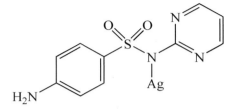

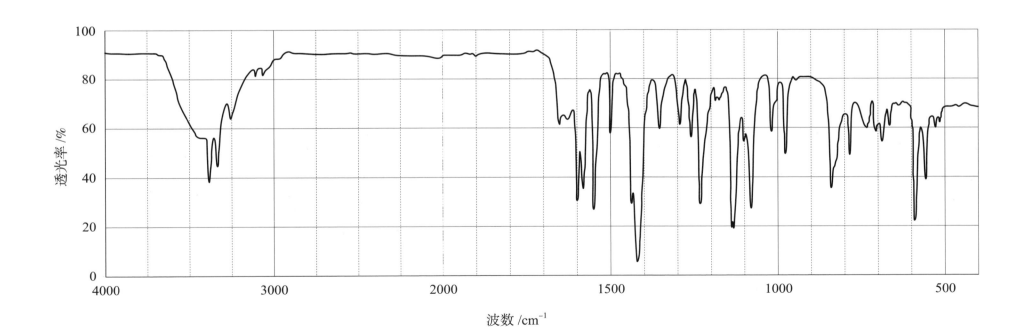

中文名称：磺胺噻唑

英文名称：Sulfathiazole

分 子 式：C_9H_9N_3O_2S_2

仪器类型：光栅

试样制备：KBr 压片法

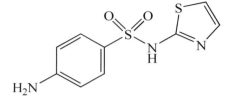

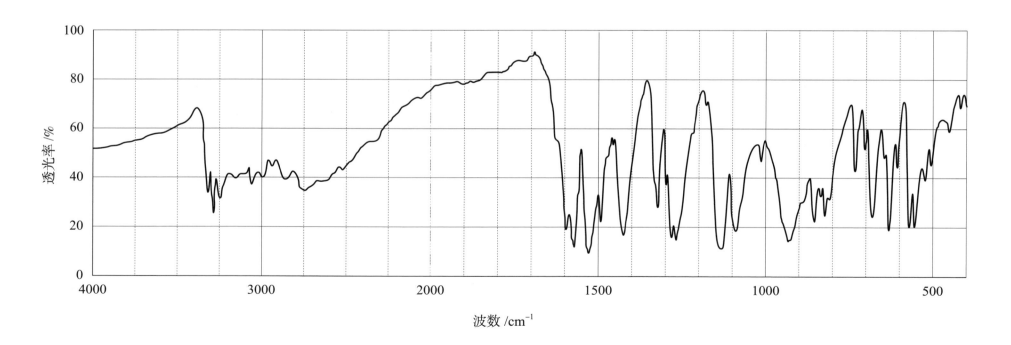

中文名称：磺胺噻唑

英文名称：Sulfathiazole

分 子 式：$C_9H_9N_3O_2S_2$

仪器类型：傅立叶

试样制备：KBr 压片法

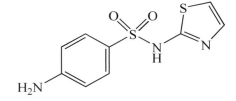

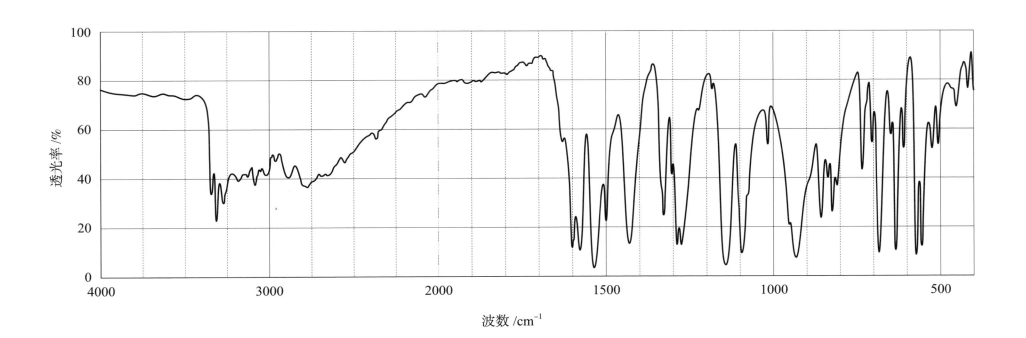

中文名称：磷酸哌嗪

英文名称：Piperazine Phosphate

分 子 式：C$_4$H$_{10}$N$_2$ · H$_3$PO$_4$ · H$_2$O

仪器类型：光栅

试样制备：KBr 压片法

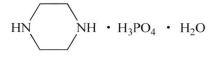

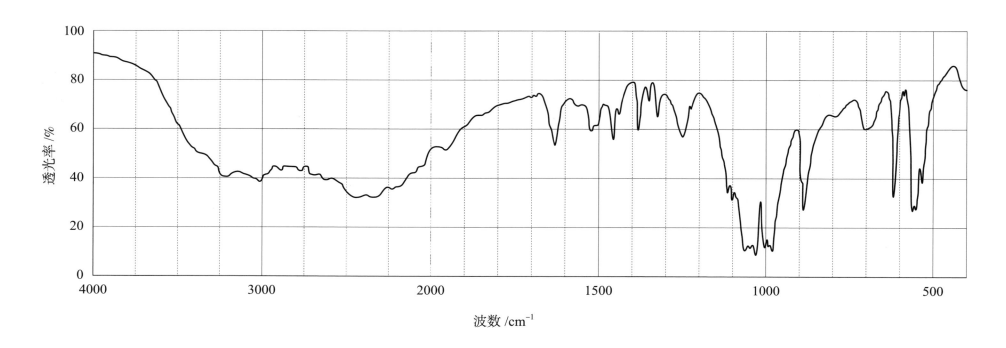

波数 /cm⁻¹

索 引

中文名称笔画索引

十一画
黄萘酞酚维

十二画
替葡硝硫喹氯奥普

中文名称拼音索引

英文名称索引

分子式索引